“十三五”国家重点出版物出版规划项目
非常规水源利用与技术丛书

我国苦咸水利用与淡化技术

安兴才 等 编著

科学出版社
北京

内 容 简 介

本书全面系统地介绍苦咸水淡化利用的理论和技术应用。基于苦咸水淡化利用领域的国内外研究发展，较为详细地论述了我国苦咸水成因、苦咸水分布区域及其特征、苦咸水资源开发利用的现状，研究分析了苦咸水资源的利用潜力和模式，分别对蒸馏法、电渗析法、反渗透法、纳滤法和膜蒸馏法等苦咸水淡化技术进行了详细的介绍，以国内外苦咸水淡化利用的典型成功案例论述了技术可靠性和经济可行性，为提升缺水地区的苦咸水的可持续利用提供科技支撑。

本书可为水利工程、水环境、城市规划、市政等专业的科研工作者和工程技术人员提供借鉴，也可供相关专业的高等院校师生参考阅读。

图书在版编目(CIP)数据

我国苦咸水利用与淡化技术 / 安兴才等编著. —北京：科学出版社，2021.8

(非常规水源利用与技术丛书)

“十三五”国家重点出版物出版规划项目

ISBN 978-7-03-068573-5

Ⅰ. ①我… Ⅱ. ①安… Ⅲ. ①海水淡化 Ⅳ. ①P747

中国版本图书馆 CIP 数据核字（2021）第 062693 号

责任编辑：王 倩 / 责任校对：樊雅琼

责任印制：吴兆东 / 封面设计：无极书装

科学出版社 出版

北京东黄城根北街 16 号

邮政编码：100717

http://www.sciencep.com

北京建宏印刷有限公司 印刷

科学出版社发行 各地新华书店经销

*

2021 年 8 月第 一 版 开本：720×1000 1/16

2021 年 8 月第一次印刷 印张：12 1/4

字数：240 000

定价：158.00 元

（如有印装质量问题，我社负责调换）

本书编写委员会

主　编　安兴才

副主编　（按姓名拼音排序）

李琳梅　王建友　王应平　张鹏云

郑自宽

成　员　（按姓名拼音排序）

何葆华　梁宗俊　吕晓龙　王鸿燕

徐　强　杨景天　张　鹏

前言

水是地球生物赖以存在的物质基础，是人类的宝贵资源，是生命之泉，是不可替代的自然资源和战略性经济资源。水是关系国计民生的大事。安全饮用水是能满足维持人体生命基本营养需要和保障生命安全的水，直接关系到人体健康。水资源具有自然属性和社会属性，自然属性主要表现为时空分布的不均匀性、随机性和流动性、质量的渐变性和可再生性、系统性等，体现着水资源的功能状态；社会属性主要表现为经济性、伦理性、垄断性、准公共物品性等，体现着水资源的价值。饮用水的自然属性和社会属性两者均具有一定的时空性。水质和水量是构成饮用水自然属性的两个基本要素，而饮用水水质对人体健康至关重要。

目前，我国有16个省（自治区）人均水资源量（不含过境水）低于1000m^3的严重缺水线，有6个省（自治区）（宁夏、河北、山东、河南、山西、江苏）人均水资源量低于500m^3的极度缺水线。在我国668个建制城市中，有400个供水不足，110个严重缺水，约有2000万人饮水困难；全国城市缺水总量超过60亿m^3，影响工业产值2300亿元，农业灌溉每年缺水量达300亿m^3；全国约有3亿多广大农村人口由于供水量不足或水质不达标而存在供水安全问题。因此，水资源的合理有效供给和优化配置在我国经济社会发展、人民生活水平改善提高中的作用极其重要，加大非常规水源（包括再生水、雨水、咸水、海水）开发利用是缓解水资源供需矛盾、统筹解决水资源问题的重要举措；深入研究和掌握我国苦咸水资源的区域分布特点、成因，综合评价可利用资源量及其潜力，并进行淡化处理，对于解决我国缺水地区、苦咸水地区的水资源短缺和开发利用问题具有极其重要的意义。

全书共分为5章。第1章为我国苦咸水资源概况，主要介绍了我国苦咸水资源概况和界定标准，论述了我国苦咸水分布区域及其特征，我国苦咸水成因、苦咸水资源开发利用的现状、必要性及可行性，由郑自宽编写。第2章为苦咸水淡化技术进展，主要论述了国内和国外苦咸水利用技术进展，由张鹏云、王应平等编写。第3章为苦咸水淡化技术，主要论述了苦咸水淡化的各类技术，对蒸馏法、电渗析法、反渗透法、纳滤法和膜蒸馏法苦咸水淡化进行了详细的讲述，由李琳梅、王建友、何葆华、王鸿燕、吕晓龙等编写。第4章为苦咸水淡化经济分析，对苦咸水淡化的经济成本进行了分析，对各类技术成本进行了对比分析，由李琳梅、王建友、徐强、张鹏等编写。第5章为有代表性的大型工程案例介绍，列举了有参考价值的国内有影响的大型苦咸水淡化处理技术及工程实例，为工程技术人员提供学习参考的案例，由杨景天、李琳梅、梁宗俊等编写。

本书的编写是甘肃省膜科学技术研究院有限公司、甘肃自然能源研究所、自然资源部天津海水淡化与综合利用研究所、南开大学等单位在长期的苦咸水淡化技术开发和工程实践的基础上总结和凝练的，也参考和引用了国内外相关专家和学者的研究成果，在此表示衷心的感谢。限于作者的研究开发水平，书中难免存在不足和疏漏之处，敬请读者批评指正。

作　者
2021年6月22日

目　录

第1章　我国苦咸水资源概况

1.1　苦咸水定义与界定技术标准

1.1.1　苦咸水的定义

苦咸水是一个由来已久的通俗称法，是非常规水源的一种，其口感苦涩，属于很难直接饮用的水体。通常将矿化度介于2～50g/L的水体称为苦咸水，包括微咸水（矿化度为2～3g/L）、半咸水（矿化度为3～5g/L）、咸水（矿化度为5～10g/L）、盐水（矿化度为10～50g/L）（邓惠森，1992）。目前，苦咸水没有统一的界定标准，一般将矿化度作为界定苦咸水的主要依据，据此可定义苦咸水是指由于矿化度高而无法直接利用或利用范围大大受限的天然劣质水。根据《地表水资源质量评价技术规程》（SL 395—2007），当水体矿化度或氯化物、硫酸盐浓度超过标准限值时称其为苦咸水。根据《地下水质量标准》（GB/T 14848—2017），当溶解性总固体（亦称矿化度）指标大于2000mg/L时，即为V类水体，属苦咸水，其化学组分含量高，不宜作为生活饮用水水源。需经适当淡化处理后，达到《生活饮用水卫生标准》（GB 5749—2006），其中溶解性总固体小于1000mg/L时，才可作为生活饮用水水源。

氟化物也是衡量苦咸水的一个指标。氟化物在高矿化度水中也常常超标，二者往往是伴生的。依据《地表水环境质量标准》（GB 3838—2002）规定，集中式生活饮用水地表水源地氟化物限值应小于等于1.0mg/L，超过该浓度值的水体不得直接饮用。

1.1.2　苦咸水界定技术标准

在水质评价中，我国学者常用矿化度、溶解性总固体、含盐量指标评价水质优劣。

矿化度是评价水质优劣的常用指标之一，其含义与溶解性总固体相同，是指水体中所含无机矿物成分的总量；或者是指水体中所含各种离子、分子与化合物的总量。习惯上以水在105～110℃时蒸干后所得的干涸残余物总量来表征矿化度。一般用 M 表示，单位为“mg/L”或“g/L”。

溶解性总固体是溶解在水里的无机盐和有机物的总称，主要成分包括钾、钠、钙、镁、氯离子和硫酸、硝酸、碳酸及碳酸氢根离子等离子、分子及络合物，但不包括悬浮物和溶解气体。通常在105～110℃温度下，将水蒸干后所得干涸残余物总量称为溶解性总固体（total dissolved solids，TDS），单位为“mg/L”或“g/L”。它是反映地下水化学成分的主要指标。TDS含量低的淡水常以碳酸盐为其主要成分；TDS含量中等的微咸水及苦咸水常以硫酸盐为其主要成分；而TDS含量高的盐水和卤水则常以氯化物为其主要成分。

含盐量是指水样各组分的总量，该指标系计算值。含盐量常用于农田灌溉水质评价，单位为“mg/L”或“g/L”。

目前，对苦咸水没有统一的界定标准，学者多根据现行规范和标准进行分析界定。

（1）《地表水资源质量评价技术规程》（SL 395—2007）规定：当地表水体的矿化度大于2000mg/L，或氯化物大于450mg/L，或硫酸盐大于400mg/L时，称其为天然劣质水，亦称为苦咸水。对于矿化度小于2000mg/L的水体按淡水资源进行评价。

（2）《地下水质量标准》（GB/T 14848—2017）规定：当地下水溶解性总固体介于1000～2000mg/L时，该水体为Ⅳ类水体，其化学组分含量较高，以农业和工业用水质量要求及一定水平的人体健康风险为依据，适用于农业和部分工业用水，经适当处理后可作生活饮用水。当溶解性总固体大于2000mg/L时，该水体则为Ⅴ类水体，属苦咸水，不宜直接作为生活饮用水水源，需经过适宜的淡化工艺处理后才能饮用。

（3）《农村实施〈生活饮用水卫生标准〉准则》规定：受水源选择和处理条件限制的地区，其三级饮用水标准对溶解性总固体指标放宽限值，不得大于2000mg/L。

（4）《农田灌溉水质标准》（GB 5084—2005），对含盐量限值做出规定：当土地含盐量等于或大于2000mg/L，则为盐碱地。

（5）《供水水文地质》（刘兆昌等，2011）把溶解性总固体含量小于1g/L的水体划为淡水，把溶解性总固体含量在1～3g/L的水体划为微咸水，把溶解性总固体含量在3～10g/L的水体划为咸水，把溶解性总固体含量在10～50g/L的水体划为盐水，把溶解性总固体含量大于50g/L的水体划为卤水。

从以上五个标准可以得知：不同的水质标准由于其侧重点和用途的不同，对矿化度的具体限值也不尽相同，但各类标准对直接利用水体的矿化度限值均限定不超过 2g/L。一般当水体的矿化度指标超过 1.5g/L 时其用途就会受到限制，当矿化度大于 2g/L 时，不经过淡化处理，就不能直接作为生活饮用水及工农业用水，利用价值会大大降低。

综上所述，把矿化度大于 2000mg/L 或氯化物大于 450mg/L 和硫酸盐大于 400mg/L 或氟化物大于 1.0mg/L 的水体称为苦咸水。

1.2 我国苦咸水资源量

通过收集研究《中国河湖大典》(中国河湖大典编纂委员会，2014)、《第一次全国水利普查成果》(第一次全国水利普查成果丛书编委会，2017)、《中国湖泊资源》(王洪道等，1989)、《中国湖泊志》(王苏民等，1998)、《中国湖泊分布地图集》(中国科学院南京地理与湖泊研究所，2015)、《中国地下水资源图》(张宗祜等，2017)、《全国地下水资源调查成果》(中国地质调查局，2014)、《鄂尔多斯盆地地下水勘查研究》(侯光才等，2008)、《华北平原地下水可持续利用调查评价报告》(张兆吉等，2008)、《银川平原地下水资源合理配置调查评价》(吴学华等，2008)、《青海地质环境》(李小林等，2009)、《中国地质调查百项成果》(中国地质调查局，2016) 等专著，以及专项调查评价成果、区域专项研究、技术论文等涉及苦咸水资源的相关资料，结合《第三次全国水资源调查评价成果》，研究得出：我国现有苦咸水资源 2599.508 亿 m^3，其中，地表苦咸水河流年径流量为 134.412 亿 m^3，占现有苦咸水资源量的 5.2%；地表苦咸水湖泊蓄水量为 2295.900 亿 m^3，占现有苦咸水资源量的 88.3%；浅层地下苦咸水资源量为 169.196 亿 m^3，占现有苦咸水资源量的 6.5%。2019 年影响用水人口约 5295 万，占统计分布有苦咸水的省（自治区、直辖市）总人口的 7%。我国苦咸水资源量详见表 1-1。

表 1-1 我国苦咸水资源量 （单位：亿 m^3）

序号	区域	省（自治区、直辖市）	地表苦咸水			浅层地下苦咸水	合计
			河流	湖泊	合计		
1	西北	甘肃	6.605	1.984	8.589	10.291	18.880
2		宁夏	1.864	1.032	2.896	5.742	8.638
3		青海	125.0	1121.554	1246.554	0.710	1247.264
4		陕西	0.817	4.948	5.765	3.163	8.928

续表

序号	区域	省（自治区、直辖市）	地表苦咸水			浅层地下苦咸水	合计
			河流	湖泊	合计		
5	西北	新疆	0	311.001	311.001	31.112	342.113
小计			134.286	1440.519	1574.805	51.018	1625.823
6	华北	内蒙古	0.126	75.952	76.078	11.284	87.362
7		河北	0	1.930	1.930	26.180	28.110
8		天津	0	0.978	0.978	7.380	8.358
9		山西	0	0.392	0.392	1.436	1.828
小计			0.126	79.252	79.378	46.280	125.658
10	华东	山东	0	0	0	14.602	14.602
11		江苏	0	0	0	28.450	28.450
12		安徽	0	0	0	13.800	13.800
13		福建	0	0	0	0.100	0.100
14		上海	0	0	0	2.560	2.560
小计			0	0	0	59.512	59.512
15	华中	河南	0	0	0	2.616	2.616
16	西南	西藏	0	763.131	763.131	0	763.131
17	东北	黑龙江	0	8.666	8.666	3.850	12.516
18		吉林	0	4.332	4.332	5.020	9.352
19		辽宁	0	0	0	0.900	0.900
小计			0	12.998	12.998	9.770	22.768
合计			134.412	2295.900	2430.312	169.196	2599.508

1.3　我国苦咸水资源开发利用

1.3.1　直接利用苦咸水的危害

1）长期饮用苦咸水会对人体健康造成严重的危害

苦咸水的盐碱浓度较高、硬度较大，氟、砷、铁、锰元素含量较高，碘、硒元素含量较低，口感苦涩。其中，多项指标不符合或达不到《生活饮用水卫生标准》（GB 5749—2006）要求。流行病学调查结果显示，长期饮用高氟水、高砷水、苦咸水等不达标水体对人体的危害如下（张兆吉等，2008）。

高氟水：氟对人体的损害具有慢性且长期的特点，受害较轻者会出现牙齿发黄、断裂，俗称氟斑牙，也就是常说的黄牙病；重者会引起氟骨症，表现为驼背、行动不便，甚至导致智力出现问题，乃至瘫痪，丧失劳动能力，生活不能自理。

高砷水：由于砷化合物有剧毒性，长期饮用砷化合物含量较高的水体会引起砷中毒，甚至死亡。

苦咸水：长期饮用苦咸水会导致人体胃肠功能紊乱、免疫力低下，易得肾结石，甚至可能诱发和加重心脑血管疾病。

2）苦咸水对农业生产有一定的危害

苦咸水中含有较多的杂质和盐类，如果长期用于灌溉耕地，会破坏当地的土壤团块，使耕地质量下降，影响农作物的生长，甚至会使某些农作物枯萎乃至死亡，造成当地的农作物产量下降，同时对农产品质量也会产生很大影响。

3）苦咸水对当地的部分工业发展有一定的负面影响

有些行业如化工业、造纸业等需要大量的水，长期使用苦咸水不仅会降低产品质量，还会增加对生产机器的损耗程度，增大工业生产成本，滞缓当地工业发展速度，影响当地经济发展。

1.3.2 苦咸水利用的意义

全国地下水资源评价成果显示（吴学华等，2008）：我国苦咸水资源经过适当处理，可作为缺水地区的居民生活饮用水、农业灌溉用水和部分工业用水，对缓解当地水资源紧缺起到了不可替代的作用。目前，全国每年开采利用浅层地下苦咸水资源量约为 31.15 亿 m^3，开采利用浅层地下苦咸水的主要地区为河北、山东、甘肃、内蒙古、宁夏、新疆、陕西等。

1）苦咸水影响我国约 7% 人口的生活质量

苦咸水与贫困地区的发展密切相关。我国苦咸水资源总量较小，约占水资源总量的 9%。我国农村约有 3 亿人饮水不安全，其中约有 3800 万人饮用苦咸水，约 6300 万人饮用高氟水，约 200 万人饮用高砷水（中国地质调查局，2014）。由此可见，中国约有 1 亿人仍然在饮用苦咸水、高氟水、高砷水，由饮水水质带来的危害，已严重影响人的生命健康。苦咸水等问题关系到我国约 7% 人口的生活质量，因此是一个不容忽视的重要问题。

2）苦咸水影响我国西北地区的社会经济发展

我国西北广大地区多属于资源型、工程型、水质型并存的严重缺水地区，淡水资源天然匮乏，对苦咸水资源的开发利用能力又不强，严重影响居民生活饮用水安全、工农业发展供水和生态环境保护需水保障。

3）微咸水是我国西北贫困地区人畜饮用水的重要水源

相关研究成果显示，微咸水是我国西北贫困地区人畜饮用水的重要水源，每年约有400万m^3微咸水用于人畜饮用。在苦咸水淡化技术日渐成熟的今天，亟须加强苦咸水淡化处理与科学利用研究，尽早解决缺水地区居民饮用水问题，保障全国人民饮用水安全。

1.3.3 苦咸水开发利用现状

目前，我国苦咸水开发利用总体状况：一是地表苦咸水（苦咸水河流、苦咸水湖泊）资源开发利用较少；二是目前开采利用的多为浅层地下微咸水（矿化度为2～3g/L）和半咸水（矿化度介于3～5g/L），开发利用量趋于减少。

1）苦咸水利用现状

第二次全国水资源调查评价成果和相关区域地下水专项调查评价成果显示，我国每年开采利用地下水总量为445亿m^3，约80%（356亿m^3）的地下水（淡水）可直接利用，约13%（57.85亿m^3）的地下水（微咸水）经适当处理后可以利用，约7%（31.15亿m^3）属地下苦咸水，需采取必要的淡化工艺处理后才能加以利用。多年来，我国开采利用地下苦咸水总量较多的省（自治区、直辖市）主要在华北和西北缺水地区，如河北、内蒙古、甘肃、陕西等省（自治区、直辖市）。我国主要省（自治区、直辖市）地下水开采利用总量与浅层地下苦咸水开采利用总量详见表1-2。

表1-2 主要省（自治区、直辖市）地下水开采利用总量与浅层地下苦咸水开采利用总量

序号	省（自治区、直辖市）	地下水开采利用总量/(亿m^3/a)	浅层地下苦咸水开采利用总量/(亿m^3/a)	浅层地下苦咸水开采利用总量占地下水开采利用总量的比例/%
1	河北	164.52	18.30	11.12
2	山东	97.81	4.31	4.41
3	内蒙古	76.23	3.25	4.26
4	新疆	32.15	2.43	7.56
5	甘肃	13.24	2.12	16.01
6	陕西	20.36	0.28	1.38

续表

序号	省（自治区、直辖市）	地下水开采利用总量/(亿 m^3/a)	浅层地下苦咸水开采利用总量/(亿 m^3/a)	浅层地下苦咸水开采利用总量占地下水开采利用总量的比例/%
7	宁夏	3.01	0.25	8.31
8	河南	31.22	0.11	0.35
9	天津	6.46	0.10	1.55
合计		445.00	31.15	7.00

注：该表系第二次全国水资源调查评价成果统计，主要省（自治区、直辖市）开采浅层地下苦咸水量为 31.15 亿 m^3，包括微咸水量和半咸水量

2）微咸水利用现状

根据 2010 ~ 2018 年的《中国水资源公报》，分析我国近年来（2010 ~ 2018 年）开采地下水供水量、微咸水（矿化度介于 2 ~ 3g/L）利用用量及所占比例等变化趋势，得出近年来平均开采地下水供水量为 1079.2 亿 m^3，其中年平均微咸水利用量为 3.671 亿 m^3，微咸水利用量占开采地下水供水量的比例由 0.4% 降到 0.3%。2010 ~ 2018 年我国开采地下水供水量、微咸水利用用量及微咸水利用量占开采地下水供水量的比例详见表 1-3。

表 1-3　2010 ~ 2018 年我国开采地下水供水量、微咸水利用量及所占比例

年份	开采地下水供水量/亿 m^3	微咸水利用量/亿 m^3	微咸水利用量占开采地下水供水量的比例/%
2010	1108.0	4.432	0.40
2011	1109.1	4.436	0.40
2012	1134.2	3.629	0.32
2013	1125.4	3.376	0.30
2014	1117.0	3.351	0.30
2015	1069.2	4.256	0.40
2016	1057.0	3.382	0.32
2017	1016.7	3.253	0.32
2018	976.4	2.928	0.30
平均	1079.2	3.671	0.34

注：本表系依据《中国水资源公报》，统计 2010 ~ 2018 年全国开采地下水供水量、微咸水利用量，不包括矿化度大于 3g/L 的咸水利用量和海水淡化利用量

从表1-3可以看出：2013年之后开采地下水供水量、微咸水利用量均基本呈现逐年减少的趋势，其主要原因是2012年1月，《国务院关于实行最严格水资源管理制度的意见》（国发〔2012〕3号）的发布及实施，对控制过度开采（超采）地下水起到了显著的作用。另外，还有如下四个方面的原因：一是近年来，我国农村饮水安全工程覆盖面的不断增大，减少了部分地下微咸水开采量；二是随着现代农业和农村饮水提质增效工程、灌区续建配套与节水改造工程的实施，农业灌溉减少了地下微咸水开采量；三是在我国社会经济快速发展年代，大量开采利用浅层地下水（多为微咸水），致使地下水开采区形成了比较大的漏斗，可开采的水量逐年减少，开采难度不断增大；四是近年来全面贯彻落实《国务院关于实行最严格水资源管理制度的意见》，加大对地下水的保护措施，严格限制开采地下水，关闭部分开采水源井，使开采利用地下水量（微咸水）快速下降，治理效果明显。

1.4 我国苦咸水资源主要分布区域及其特征

苦咸水包括地表苦咸水（苦咸水河流、苦咸水湖泊）和地下苦咸水（潜水、承压水）。我国自然条件十分复杂，苦咸水分布广泛，主要分布在我国的西北干旱和半干旱内陆地区、华北广大地区以及华东沿海地带，重点分布区域为西北干旱和半干旱内陆地区。我国现有苦咸水资源涉及省（自治区、直辖市）19个，涉及县级行政区（县、区、市、自治县、旗、林区等）500多个；分布面积为57.73万km^2，占统计分布有苦咸水的省（自治区、直辖市）总面积的7.9%；影响用水人口约3800万，占统计分布有苦咸水的省（自治区、直辖市）总人口的7%。

我国苦咸水资源分布范围最广的是西北地区，主要分布在青海、新疆、甘肃、陕西、宁夏；其次是华北地区，主要分布在内蒙古西部的干旱沙漠草原地带以及河北、山西、天津的部分区域。华东沿海地区苦咸水主要是沿海岸线地区的海水入侵，包括山东、江苏、安徽、上海等。其中，地处莱州湾地区的山东省潍坊市的寿光、寒亭、昌邑等沿海地区是典型的海水入侵自然灾害区。东北地区亦有苦咸水资源分布。其他地区（包括香港、澳门、台湾）苦咸水分布相对较少，未作深入分析研究。

根据我国苦咸水资源分布特点，按照地表苦咸水和浅层地下苦咸水，分别进行分布范围论述。

1.4.1 地表苦咸水主要分布区域及特征

地表苦咸水资源量主要是指地表苦咸水河流径流量和苦咸水湖泊蓄水量。

1. 苦咸水河流分布及特征

我国地表苦咸水河流主要分布在年降水量小于 450mm 的西北干旱和半干旱内陆地区，这与其所在的流域地质岩性有着密切的关系，以我国内陆河流域、黄河流域上中游地区最具代表性。地表苦咸水典型区域主要有西北干旱和半干旱内陆地区的甘肃、宁夏、青海及陕西北部的黄土梁峁区和内流区。在内蒙古自治区与宁夏回族自治区交界处，发源于内蒙古自治区鄂尔多斯市鄂托克旗乌兰镇，于宁夏回族自治区乌海市汇入黄河的都思兔河也属苦咸水河流。

《第一次全国水利普查成果丛书》显示：我国流域面积在 $100km^2$ 及以上的河流有 22 909 条，苦咸水河流比较少。通过对《中国河湖大典》《第三次全国水资源调查评价成果》及有关省（自治区、直辖市）水资源调查评价成果研究得出：我国 5 省（自治区）现有苦咸水河流 46 条，占全国河流总数的 0.2%，涉及县级行政区 32 个。苦咸水河流的流域总面积为 20.809 万 km^2，占 5 省（自治区）总面积的 8%，影响用水人口约 510 万，占 5 省（自治区）总人口的 5%。我国地表苦咸水河流分布、流域面积与涉及县级行政区详见表 1-4。

表 1-4 我国地表苦咸水河流分布、流域面积与涉及县级行政区

序号	区域	省（自治区）	苦咸水河流/条	流域面积/万 km^2	涉及县级行政区/个	苦咸水河流所在流域（水系）
1	西北	甘肃	27	3.777	15	黄河流域的泾河水系（马莲河）、渭河水系（葫芦河、大咸河、散渡河）、祖厉河水系、黄河水系（黄河左岸兰州段一级支流）等
2		宁夏	10	1.871	8	黄河流域苦水河水系、清水河水系
3		青海	3	13.770	4	长江流域通天河水系
4		陕西	5	0.558	3	黄河流域陕北内流区、无定河水系
5	华北	内蒙古	1	0.833	2	黄河流域的都思兔河水系
合计			46	20.809	32	—

苦咸水河流主要分布于西北地区，华北地区仅在内蒙古自治区分布有 1 条苦咸水河流。对苦咸水河流分布具体区域和位置的分述如下：

（1）甘肃省境内苦咸水河流主要分布于陇东地区泾河水系的马莲河流域；黄河水系的苦水河、清水河流域（环县北部与宁夏交界处）；渭河水系的支流大咸河、散渡河、葫芦河等；陇中地区黄河水系的祖厉河流域；黄河水系的黄河左岸兰州段一级支流等27条河流。

（2）宁夏回族自治区境内苦咸水河流主要分布于中部、北部干旱高原丘陵区（西海固地区）。典型的苦咸水河流有中南部的清水河及其支流、苦水河及其支流，共有10条苦咸水河流。

（3）青海省境内的长江源头通天河干流及其支流沱沱河、楚玛尔河3条河流属苦咸水河流，主要涉及玉树藏族自治州地域。

（4）陕西省境内苦咸水河流主要分布于陕北黄土梁峁区和北部内流区（沙漠区），以榆林市定边县、靖边县、横山县境内的石涝河、安川河、十字河、红柳河、无定河（上游段）5条河流最为典型。

（5）内蒙古自治区苦咸水河流主要分布于黄河右岸的一级支流都思兔河流域，涉及内蒙古自治区的鄂尔多斯市鄂托克旗和宁夏回族自治区的乌海市。

2. 苦咸水湖泊分布及特征

1）苦咸水湖泊基本特征

湖泊作为陆地上重要的生态系统，具有蓄水、灌溉、供水、调节空气湿度、调节洪峰及水产养殖等多重功能。湖泊水体的化学成分不仅直接影响到湖泊内栖居生物以及受体人群的身体健康，其矿化度和化学成分的变化还可反映出湖泊所处的环境的变化。

根据湖泊特性的不同，可将湖泊分为多种类型：①按湖盆成因分为构造湖、堰塞湖、海迹湖、冰川湖、火口湖五类。②按湖泊排泄条件分为外流湖（既有水体流入也有流出，这类湖泊多为淡水湖泊）和内流湖（只有水体流入无水体流出，其主要补给水源为降雨和地下水，主要排泄途径为蒸发，这类湖泊多为苦咸水湖泊）两类。③按湖泊水体矿化度可分为淡水湖、咸水湖和盐湖三类。

苦咸水湖泊是指湖水的矿化度在2～50g/L的湖泊。通常是湖水不排出或排出不畅，蒸发造成湖水盐分富集而形成，故多形成于干旱、半干旱地区的内流区，其湖区的年降水量多在450mm以下，一般为200～300mm。苦咸水湖泊作为地面水体的一部分，在水循环中扮演着不可或缺的角色。

2）我国苦咸水湖泊主要分布区域

《第一次全国水利普查成果丛书》显示，我国现有湖面面积在1.0km^{2}及以上的湖泊共2865个，其中苦咸水湖泊945个。通过对《中国河湖大典》、《中国湖泊志》和《中国湖泊分布地图集》及相关省（自治区、直辖市）湖泊调查资料等研究得到：我国现有苦咸水湖泊934个，占湖泊总数的32.6%。苦咸水湖泊分布于12个省（自治区、直辖市），涉及县级行政区147个；苦咸水湖泊湖面总面积为2.8348万km^2，占12省（自治区、直辖市）总面积的0.44%。我国苦咸水湖泊分布区域、水系与涉及的省（自治区、直辖市）统计见表 1-5。

表 1-5　我国苦咸水湖泊分布、湖面面积、涉及县级行政区及水系

序号	区域	省（自治区、直辖市）	苦咸水湖泊/个	湖面面积/万 km²	涉及县级行政区/个	苦咸水湖泊所在的水系
1	西北	甘肃	3	0.0122	2	柴达木盆地水系（阿克塞哈萨克族自治县、肃北蒙古族自治县）
2		宁夏	6	0.0087	4	黄河水系（平罗县、大武口区、惠农区、贺兰县）
3		青海	120	0.9450	13	黄河水系、青海湖水系、柴达木盆地水系、羌塘高原内陆湖区
4		新疆	44	0.2170	17	羌塘高原内陆湖区、塔里木内流区、艾比湖水系、乌伦古湖水系、吐哈-巴伊盆地、准噶尔盆地、独流入海水系
5		陕西	7	0.0081	3	黄河水系（陕北内流区的定边县、神木县、靖边县）
6	华北	内蒙古	266	0.2230	26	黄河水系、鄂尔多斯内流区、阿拉善内流区、高原内流区水系
7		河北	14	0.0103	3	海河水系-内陆湖水系（张家口市的张北县、沽源县、康保县）
8		天津	1	0.0060	1	海河水系-大清河（静海区）
9		山西	2	0.0030	1	黄河水系-涑水河（盐湖区）
10	西南	西藏	420	1.3040	42	雅鲁藏布江水系、藏南内陆湖区、羌塘高原内流区水系
11	东北	黑龙江	12	0.0610	7	松花江流域嫩江水系（主要分布在大庆市、齐齐哈尔市）
12		吉林	39	0.0365	28	松花江流域嫩江水系、二龙套河水系、洮儿河水系、霍林河水系
合计			934	2.8348	147	—

我国现有苦咸水湖泊主要分布区域：

（1）甘肃省境内的苦咸水湖泊（苏干湖、小苏干湖、德勒诺尔湖）位于内陆河水系（柴达木盆地），河西走廊西端，地域在阿克塞哈萨克族自治县和肃北蒙古族自治县。

（2）宁夏回族自治区境内的苦咸水湖泊分布于银川平原北部的石嘴山市平罗县、大武口区、惠农区和银川市的贺兰县境内。

（3）青海省境内的苦咸水湖泊主要分布于青海羌塘高原内陆湖区、黄河水系、青海湖水系、柴达木盆地水系等区域。苦咸水湖泊共涉及13个县级行政区地域，其中在治多县、格尔木市境内苦咸水湖泊最多。

（4）新疆维吾尔自治区境内的苦咸水湖泊主要分布于新疆羌塘高原内陆湖区和塔里木内流区、准噶尔盆地、吐哈–巴伊盆地区域；在艾比湖、乌伦古湖、独流入海水系也有10多个苦咸水湖泊分布，共涉及17个县级行政区。

（5）陕西省境内的苦咸水湖泊主要分布于黄河水系的陕北内流区（定边县、靖边县、神木县）。

（6）华北地区苦咸水湖泊主要分布于内蒙古自治区境内的鄂尔多斯内流区、阿拉善内流区、高原内流区及黄河水系、海河水系五大水系，涉及26个县级行政区。在河北、天津、山西境内也有苦咸水湖泊分布，如海河流域的源头诸水系。

（7）西南地区的苦咸水湖泊主要分布于西藏自治区境内的羌塘高原内流区、藏南内陆湖区和雅鲁藏布江水系，是苦咸水湖泊最多的省区（现共有420个），苦咸水湖泊涉及42个县级行政区。

（8）东北地区的苦咸水湖泊主要分布于黑龙江省和吉林省境内，以松花江流域嫩江水系（松嫩平原中西部）居多；在二龙套河水系、洮儿河水系、霍林河水系也有分布；地域主要涉及黑龙江省的大庆市、齐齐哈尔市和吉林省的松原市、白城市，共35个县级行政区。

3）我国著名五大咸水湖泊

我国著名五大咸水湖泊为青海湖、纳木错、色林错、乌伦古湖、羊卓雍错。根据《中国河湖大典》和相关专项调查研究成果，这五大咸水湖泊所在区域多年平均降水量大部分在300mm左右，湖面总面积为9319km^2，占我国现有苦咸水湖泊水面总面积的32.8%；总蓄水量为2157亿m^3，占我国现有苦咸水湖泊总蓄水量的94%；五大咸水湖泊平均矿化度为7.822g/L。我国著名五大咸水湖泊基本特征详见表1-6。

表1-6　我国著名五大咸水湖泊基本特征

序号	湖泊名称	地理位置	湖区平均降水量/mm	湖泊水面面积/km^2	蓄水量/亿m^3	pH	矿化度/(g/L)	湖泊性质
1	青海湖	青海省海南藏族自治州的共和县、海北藏族自治州的海晏县和刚察县	336.6	4340	778	9.4	12.320	咸水湖泊

续表

序号	湖泊名称	地理位置	湖区平均降水量/mm	湖泊水面面积/km²	蓄水量/亿 m³	pH	矿化度/(g/L)	湖泊性质
2	纳木错	西藏自治区拉萨市当雄县与那曲市班戈县	301.2	1920	784.6	9.4	2.000	咸水湖泊
3	色林错	西藏自治区那曲市申扎县、班戈县和尼玛县	300.0	1628	374.4	9.7	18.268	咸水湖泊
4	乌伦古湖	新疆维吾尔自治区阿勒泰地区福海县	157.6	753	60.0	9.0	2.720	咸水湖泊
5	羊卓雍错	西藏自治区山南市浪卡子县	370.0	678	160	9.3	2.000	咸水湖泊
合计			293.1	9319	2157	9.4	7.822	

注：①艾比湖位于新疆维吾尔自治区博尔塔拉蒙古自治州精河县北部，地处准噶尔盆地，是新疆较大的卤水湖。湖面面积为634km²，蓄水量为7.3 亿 m³，pH 为8.09，矿化度为112.4g/L，属于高矿化卤水湖泊。在《中国河湖大典》中将艾比湖确定为咸水湖泊，因其矿化度大于50g/L，则确定其为高矿化卤水湖泊，未按苦咸水湖泊统计。②茶卡湖位于青海省海西蒙古族藏族自治州乌兰县东南部，属于柴达木盆地水系。湖面面积为116.1km²，蓄水量为33 万 m³，pH 为6.8，矿化度为322.49g/L，属于高矿化卤水湖泊

（1）青海湖。青海湖是我国最大的内陆咸水湖泊。位于祁连山东南部一山间盆地的最低洼处，东邻日月山，南靠青海南山，西为天峻山和丘陵带，北依大通山。湖区地跨青海省海南藏族自治州的共和县、海北藏族自治州的海晏县和刚察县。湖区西接青藏高原、东邻黄土高原、北部为沙漠干旱区，是阻挡西部荒漠化向东蔓延的天然屏障。这种特殊的过渡性地理位置，使得青海湖对气候变化敏感而强烈（骆成凤等，2017）。作为我国最大的内陆咸水湖泊，青海湖不但对环湖周边区域气候起着自然调节器的作用，也是维系青藏高原东北部生态安全的重要水体，还是青藏高原东北部的重要水汽来源，其面积的动态变化是区域气候和周围生态环境状况的重要体现。青海湖早在1997 年被列为国家级自然保护区，湖区及环湖地区共有鸟兽200 余种，被联合国列入《国际重要湿地名录》。

青海湖属内陆高寒半干旱气候，多年平均气温为0℃左右，多年平均降水量为336.6mm，多年平均水面蒸发量为950mm。青海湖是以地表径流和湖面降水补给为主的封闭湖泊，主要河流有布哈河、伊克乌兰河、泉吉河、哈尔盖河、甘子河、黑马河和倒淌河等50 余条，多为季节性河流。湖区周围水系呈明显不对称状态分布：西北多，流量大；东南少，流量小。年地表径流总量为15.35 亿 m³，集水总面积为29 661km²。

根据调查监测资料显示：1974～2016 年43 年间，青海湖面积总体上呈先减后增的变化趋势。1974 年湖面面积为4477km²，1981 年实测湖面海拔3193.92m，

湖面面积为4340km^2，最大水深27m，平均水深17.9m，蓄水量778亿m^3。2004年实测湖水位3192.77m，湖面面积为4186km^2（最小），蓄水量697.77亿m^3。2005～2008年间湖水位上升近0.50m，湖水位由2004年的3192.77m升至2008年的3199.26m；2009～2016年7年间，湖水面积增加了128.27km^2。

青海湖为咸水湖泊，湖水pH为9.4，矿化度随湖水水量的减少而增高，据监测：1961年青海湖矿化度为12.49g/L，1978年矿化度为13.13g/L，1986年矿化度为13.84g/L，2001年矿化度达到16.0g/L，湖水咸化程度总体呈上升趋势，平均矿化度为12.320g/L。青海湖初冰、封冰日期比湖周边河流稍迟，结冰期也较短，湖面多年平均封冻天数为112天，冰厚一般为0.5m，最大冰厚为0.7m。

（2）纳木错。纳木错为西藏自治区拉萨市当雄县与那曲市班戈县的界湖。纳木错是西藏自治区最大的湖泊（系封闭式内流湖），也是我国第二大咸水湖泊。湖区处于高原温带藏南半干旱向高原亚寒带羌塘半干旱气候区的过渡地带，湖区多年平均降水量为300～400mm（山体南侧的当雄县多年平均气温为1.3℃，多年平均降水量为486.9mm；而山体北侧的班戈县多年平均气温为-1.2℃，多年平均降水量为301.2mm）。

纳木错系碳酸盐型内陆微咸水湖泊，其径流补给区流域面积为10 610km^2。20世纪70～90年代湖水水位较低，湖面面积较小。1975年湖面高程为4718m，水深为33m左右，湖面面积为1920km^2，湖泊蓄水量为784.6亿m^3，湖水pH为9.4，矿化度为2.000g/L。自21世纪初（2003年）开始，湖水水位持续升高，湖面面积增大，2008年实测最大水深为122m，2010年湖面面积达到2038.52km^2，是近43年来（1975～2017年）的最大值，2012年实测矿化度为0.67g/L，湖水pH为9.0，2017年矿化度为1.715g/L（中国河湖大典编纂委员会，2014；李小林等，2009；中华人民共和国国土资源部中国地质调查局，2016）。

（3）色林错。色林错位于西藏自治区那曲地区申扎、班戈和尼玛3县交界处。色林错是西藏自治区第二大湖泊（系内陆终点咸水湖），也是中国第三大咸水湖泊。湖区属高原亚寒带羌塘半干旱气候，多年平均降水量为300.0mm，多年平均气温为0℃左右。主要入湖河流有扎加藏布、扎根藏布、波曲藏布等，流域面积为45 530km^2。湖面高程为4530m，湖水呈深蓝色，水深平均为23m，最大水深为40m，湖面面积为1628km^2，湖泊蓄水量为374.4亿m^3。湖水pH为9.7，平均矿化度为18.268g/L，系硫酸钠亚型内陆终点咸水湖泊。

（4）乌伦古湖。乌伦古湖位于新疆维吾尔自治区阿勒泰地区福海县境内。处在准噶尔盆地北部，系乌伦古河的尾闾湖。乌伦古湖湖面高程为478.60m，实测最大水深为12m，平均水深为8m，湖面面积为753km^2，湖泊蓄水量为60亿m^3。

乌伦古湖区域属温带大陆性气候的寒冷区，多年平均气温为 0℃，极端最高气温为 34.3℃，极端最低气温为-49.7℃，多年平均降水量为 157.6mm，风大且无霜期短。湖泊北端为一小湖，俗称小海子，小海子北端与额尔齐斯河间有一宽约 2.2km 的地峡。乌伦古湖依赖于多条河流及湖周围地下水补给，主要由乌伦古河、额尔齐斯河补给。据福海水文站监测的 1959 ~ 1986 年资料分析，该时段乌伦古湖水位下降了 5.4m，湖面面积缩小了 110.5km^2，湖泊蓄水量减少了 45.8 亿 m^3，湖水的矿化度升高到 3.51g/L。为了遏制乌伦古湖水位继续下降，主要实施了从额尔齐斯河向湖区引水工程和乌伦古河扬水灌溉湖区周边草地等工程措施，以增加补给湖区水量，保障湖水水位恢复和加速湖水循环，有利于水质淡化。1987 ~ 1993 年湖水水位逐渐回升至 1957 年以前的水平，并保持基本稳定，湖水的平均矿化度降到 2.72g/L，pH 为 9.0。

（5）羊卓雍错。羊卓雍错位于雅鲁藏布江南岸、西藏自治区山南市浪卡子县境内，属内流水系的构造湖。湖泊四周高山环绕，地形颇为封闭。南面是喜马拉雅山脉的蒙达岗日雪山，西以宁金抗沙雪山分水岭与雅鲁藏布江支流年楚河流域相邻，北距雅鲁藏布江干流仅 8 ~ 10km，以单薄的岗巴拉山相隔，东与哲古错流域之间分布着一片宽广的波状起伏的剥蚀低山。周边山地高程均在 5000m 以上，流域面积为 6100km^2（内有冰川积雪面积 111.6km^2），是湖水重要的补给来源。湖区位于高原温带藏南半干旱气候区，多年平均降水量为 370.0mm，其中 7 ~ 8 月降水量占全年总量的 60% 左右；多年平均气温为 2.4℃，最冷月（1 月）平均气温为-8.1℃，最热月（7 月）平均气温为 10.9℃，多年平均日照时数为 2928.7h，多年平均相对湿度为 44%。多年平均大于等于 8 级风力的天数为 88d，其中瞬时最大风速大于 20m/s，年平均风速为 2.9m/s，多年平均水面蒸发量为 2074mm，年无霜期为 63d。

羊卓雍错湖水补给以大气降水为主，冰雪融水补给为辅。入湖河流主要有 6 条，从西岸汇入的有卡鲁雄曲、浦宗曲，从南岸和西南岸汇入的有绒波藏布、香达曲、曲清河，从东岸汇入的是嘎马林河。湖面高程为 4441m，最大水深有 59m，湖面面积为 678km^2（含空姆错），湖水蓄水量为 160 亿 m^3。湖水为硫酸钠亚型微咸水湖泊，pH 为 9.3，矿化度为 2.000g/L。羊卓雍错是一个受人类活动、社会经济影响很小的自然生态类型的湖泊。

1.4.2 浅层地下苦咸水主要分布区域及特征

1. 浅层地下苦咸水主要分布区域

依据《中国地下水资源图》《全国地下水资源调查成果》《鄂尔多斯盆地

地下水勘查研究》《华北平原地下水可持续利用调查评价报告》《第三次全国水资源调查评价成果》等专项成果中的浅层地下苦咸水资料研究得出：我国浅层地下苦咸水主要分布于西北、华北、华东、华中及东北5个区域，有水文地质单元（盆地）61个，涉及省（自治区、直辖市）18个，县级行政区348个。浅层地下苦咸水分布面积为34.083万km^2，占分布有浅层地下苦咸水的省（自治区、直辖市）总面积的5.6%；其中，西北地区有鄂尔多斯盆地、河西走廊盆地、景泰川盆地、银川平原区盆地、盐池内流区盆地、关中盆地、榆林风沙滩、柴达木盆地、塔里木盆地、准噶尔盆地、吐鲁番盆地、哈密盆地等水文地质单元（盆地）18个，涉及县级行政区（县、区、市）90个；华北地区有鄂尔多斯盆地、河套平原区、太原盆地等水文地质单元（盆地）27个，涉及县级行政区域（县、区、市）140个；华东地区有鲁北平原区、潍坊滨海平原区、黄河滩区、里下河滨海平原区、淮北平原盆地、黄浦江沿岸及沿海地下潜水区等水文地质单元（盆地）11个，涉及县级行政区域（县、区、市）70个；华中地区有黄淮海平原区、南阳盆地2个水文地质单元（盆地），涉及县级行政区域（县、区、市）24个；东北地区有松嫩平原区（白垩系）、下辽河平原区（潜水）2个水文地质单元（盆地），涉及县级行政区域（县、区、市）24个，详见表1-7。

表1-7 我国浅层地下苦咸水分布省（自治区、直辖市）、水文地质单元（盆地）、范围面积与涉及县级行政区统计表

序号	行政区域	省（自治区、直辖市）	水文地质单元（盆地）/个	范围面积/万km^2	涉及县级行政区/个	主要水文地质单元（盆地）
1	西北	甘肃	3	3.375	16	陇东黄土高原区、景泰川盆地、河西走廊盆地
2		宁夏	5	1.935	18	鄂尔多斯盆地（宁夏东）、宁夏河谷平原区、银川平原区盆地、盐池内流区盆地、黄土台塬区等
3		青海	2	3.992	6	柴达木盆地、阿拉尔盆地
4		新疆	6	7.860	37	塔里木盆地、准噶尔盆地、伊犁谷地、吐鲁番盆地、哈密盆地、巴伊盆地
5		陕西	2	0.268	13	关中盆地、榆林风沙滩
小计			18	17.430	90	

续表

序号	行政区域	省（自治区、直辖市）	水文地质单元（盆地）/个	范围面积/万 km^2	涉及县级行政区/个	主要水文地质单元（盆地）
6	华北	内蒙古	14	5.829	46	鄂尔多斯盆地、河套平原区、贺兰山东麓等 14 个单元
7		河北	7	2.089	42	滦河地下水、潮白河—蓟运河地下水、永定河地下水、大清河地下水、子牙河地下水、漳卫河地下水、古黄河地下水
8		天津	4	0.672	4	潮白河—蓟运河地下水、永定河地下水、子牙河地下水、漳卫河地下水
9		山西	2	1.052	48	鄂尔多斯盆地、太原盆地
小计			27	9.642	140	
10	华东	山东	5	1.062	17	鲁北平原区、湖西平原区、小清河平原区、潍坊滨海平原区及黄河滩区
11		江苏	2	2.303	29	里下河滨海平原区、宿迁市东南—连云港西部区
12		安徽	1	1.030	8	淮北平原盆地
13		福建	1	0.210	2	诏安湾—东溪河口平原区
14		上海	2	0.131	14	黄浦江沿岸及沿海地下潜水区
小计			11	4.736	70	
15	华中	河南	2	0.123	24	黄淮海平原区、南阳盆地
16	东北	黑龙江	1	0.480	7	松嫩平原区（白垩系）
17		吉林	1	1.050	7	松嫩平原区（白垩系）
18		辽宁	1	0.622	10	下辽河平原区（潜水）
小计			3	2.152	24	
合计			61	34.083	348	

我国浅层地下苦咸水主要分布区域具体如下：

（1）甘肃省浅层地下苦咸水主要分布于鄂尔多斯盆地—甘肃省境内的庆阳市和平凉市部分范围、黄河干流区—甘肃景泰川山间平原区、河西走廊盆地等。

（2）宁夏回族自治区浅层地下苦咸水主要分布于鄂尔多斯盆地—宁夏境内

的东中部地区（包括西吉县、海源县、固原市）、银川平原区盆地、盐池内流区盆地。

（3）青海省浅层地下苦咸水主要分布于柴达木盆地和阿拉尔盆地区域。

（4）陕西省浅层地下苦咸水主要分布于关中盆地和榆林风沙滩区域。

（5）新疆维吾尔自治区浅层地下苦咸水主要分布于塔里木盆地、准噶尔盆地、伊犁谷地、吐鲁番盆地、哈密盆地、巴伊盆地等地下水系统。

（6）内蒙古自治区浅层地下苦咸水主要分布于鄂尔多斯盆地、河套平原区、贺兰山东麓等山间平原区；锡盟东北部、锡盟西部、大青山北部、巴盟后山等内陆盆地平原区；乌兰布和、库布齐、黑河下游、河西走廊等沙漠区。

（7）河北省浅层地下苦咸水主要分布于滦河地下水、潮白河—蓟运河地下水、永定河地下水、大清河地下水、子牙河地下水、漳卫河地下水、古黄河地下水 7 个地下水系统。

（8）天津市浅层地下苦咸水主要分布于潮白河—蓟运河地下水、永定河地下水、子牙河地下水、漳卫河地下水 4 个地下水系统。

（9）山西省浅层地下苦咸水主要分布于晋西部的鄂尔多斯盆地和太原盆地区域。

（10）山东省浅层地下苦咸水主要分布于鲁北平原区、湖西平原区、小清河平原区、潍坊滨海平原区及黄河滩区 5 个地下水系统。

（11）江苏省浅层地下苦咸水主要分布于里下河滨海平原区和宿迁市东南—连云港西部区两个地下水系统。

（12）安徽省浅层地下苦咸水主要分布于淮北平原盆地。

（13）福建省浅层地下苦咸水主要分布于诏安湾—东溪河口平原区地下水系统。

（14）上海市浅层地下苦咸水主要分布于黄浦江沿岸及沿海地下潜水区。

（15）河南省浅层地下苦咸水主要分布于黄淮海平原区及南阳盆地地下水系统。

（16）黑龙江省和吉林省浅层地下苦咸水分布于松嫩平原（白垩系）地下水系统。

（17）辽宁省浅层地下苦咸水主要分布于下辽河平原区（潜水）地下水系统。

2. 浅层地下苦咸水分布特征

我国浅层地下苦咸水分布区域因受不同地区的自然地质和地理条件影响，地下水形成的主导因素各不相同，造成地下苦咸水的形成和分布有着显著差异。浅层地下水按其埋藏条件、形成特点和循环更新的特性可分为两类：一类是埋藏于地表以下第一个稳定隔水层之上，具有自由水面的重力水，并且参与现代陆地水循环，在循环交替过程中不断接受补给和更新，并且在各种自然因素和人为因素作用下，水质和水量的变化与现代气候密切相关，这类地下水称为地下潜水；另一类是地质时期形成的地下水，其补给和运动极其缓慢，多赋存于两个隔水层之间，称其为承压水。这两类地下水都存在苦咸水，其分布特征主要有如下六方面：

（1）微咸水（矿化度为 2 ~ 3g/L），在比较干旱的自然条件下形成。主要分布在内蒙古高原的中东部、甘肃西北部、塔里木盆地与准噶尔盆地山前地区、东北平原中部、华北山前冲积平原与中部冲积平原的交接区域。

（2）半咸水（矿化度为 3 ~ 5g/L），主要分布在我国西北内陆地区的罗布泊东北哈密地区、塔里木盆地北缘、准噶尔盆地周边，其苦咸水含水层呈片状或零星分布；另外，在沙漠前沿地下水溢出带、华北平原中东部区域、松嫩平原中西部，以及内蒙古的山间平原区、沙漠区和内陆盆地高平原区均有苦咸水分布。

（3）咸水（矿化度为 5 ~ 10g/L），主要分布在我国西北干旱地区的塔里木盆地、内蒙古西北部、白于山地区、宁夏盐池县与彭阳县部分区域、柴达木盆地东部边缘区，东北、华北中东部平原区（河北平原的沧州、衡水、邯郸和邢台东部等），以及新疆昌吉以北沿海地带、东南沿海的局部等地区，分布面积占全国总面积的 4.78%。近年来，沿海地区开矿及超量开采地下水，引起海水入侵，致使此类水的分布范围有所扩大。

（4）盐水（矿化度为 10 ~ 50g/L），分布面积占全国总面积的 0.58%，零星分布于我国西北内陆干旱地区的准噶尔盆地中心地带、罗布泊周围和柴达木盆地近中心地带。其受干旱化作用影响，由咸水蒸发浓缩而成。此外，在滨海地区，由于海水入侵作用的影响，该类型水呈带状零星分布。

（5）卤水（矿化度为 50 ~ 200g/L），主要分布于我国西北干旱地区的柴达木盆地和罗布泊中部地区，在长期强烈的蒸发浓缩作用下形成，分布面积占全国总面积的 0.55%。

（6）高矿化度的浓卤水（矿化度大于 200g/L），主要分布在我国西北干旱地区的柴达木盆地、罗布泊中心的浅层部位，分布面积占全国总面积的 0.12%。

1.5 我国区域苦咸水形成的原因

我国苦咸水分布具有其特殊的地质特点和气象条件。一般来看，苦咸水分布地区多为干旱、半干旱地区，特点是降水量小、蒸发量大，同时具有较高浓度基质、较高含盐量的地质岩性等；干旱、半干旱地区的水文地质结构、气候条件和特定的水文化学环境是苦咸水形成与富集分布的主要原因。

苦咸水是在漫长的地质历史和复杂的地理环境中在多种因素综合作用下演变与形成的，其中，古地理环境、古气候条件、海侵活动、地质构造和水文地质条件等起了重要作用。苦咸水的形成原因根据分布区域的不同而有区别，在西北干旱内陆地区，由于降水稀少，蒸发强烈，水资源天然匮乏，作为主要供水水源的地下水，含盐量和含氟量普遍偏高。在东部沿海地区，用水量较大，导致水位降低，海水渗入地下水层，形成苦咸水。浅层地下苦咸水形成原因大致包括如下方面：①在大陆盐化过程中，经由地下水中盐分的蒸发浓缩作用形成；②人类不适当的经济活动，造成沿海地区海水入侵；③不合理的灌溉、排水、改良盐碱地等活动也会使地下水变咸，形成苦咸水。

1.5.1 气候条件影响

气候因素对我国苦咸水化学成分的形成起着最主要的控制作用。苦咸水化学成分的分布特征与我国气候分带变化特点呈现良好的对应关系，既有纬度的变化，又有沿东西经度的规律性变化。

西部地区：降水量由东南向西北递减，腾格里沙漠、巴丹吉林沙漠、柴达木盆地多年平均降水量一般小于 100mm，盆地中心多年平均降水量则小于 20mm。西北干旱地区的降水量具有明显的环状结构特征。由于降水量少，西北诸盆地的平原大气降水直接补给地下水的量很少，且盆地多为封闭性盆地，其地下水多经由盆地周围山区的地表和地下径流补给而蒸发形成。而大部分地区蒸发量在 1500 ~2000mm，地下水主要以蒸发和蒸腾方式排泄，导致盐分在地下水和土壤中聚集，形成水化学成分环带状变化规律。

华北平原：属于半干旱半湿润区，年平均降水量为 400 ~ 1000mm，年平均蒸发量为 1000 ~ 2000mm，地下水含盐量由 0.5 ~ 1.0g/L 逐渐升高为 1.0 ~ 3.0g/L，水化学类型也由重碳酸盐型过渡到碳酸盐型和滨海区的氯化物型。

南方部分地区：受热带太平洋海洋性季风气候控制，潮湿多雨，年平均降水量在 1500mm 以上，河流纵横交错，地下水交替条件良好，有利于岩石易溶盐分的淋失与迁移。因此，这些地区地下水含盐量多小于 0.5g/L，水化学类型较为单一，为重碳酸盐型。

1.5.2 地下径流补排条件影响

我国浅层地下苦咸水的形成还受到地下径流补排条件影响，如沿海地区及诸岛屿，地下水受海水入侵等作用影响，地下水含盐量升高，特别是随着地下水开发程度的提高，超量开采地下水，导致地下水位下降，进一步加剧海水入侵，形成了含盐量为 10 ~ 35g/L 的重碳酸盐-氯化物型或氯化物型咸水。

1.5.3 人类活动对地下水化学成分形成的影响

地下苦咸水的形成是一个复杂的过程，影响因素众多，主要受气候变化、自然条件及人类活动等因素影响，并通过对地下水补、排条件的改变影响地下水化学类型及其分布。

1.6 我国苦咸水资源开发利用建议

苦咸水淡化技术现在已比较成熟，但仍需对技术进行比较，选择合理的技术路线和装备，以适用于我国不同区域苦咸水资源的开发利用。在苦咸水淡化中，淡化成本是关键因素，也是苦咸水技术广泛推广的重要因素。目前，我国在非常规水源（再生水、雨水、苦咸水、海水）开发利用，尤其是苦咸水资源开发利用方面，还存在许多亟须政府加强顶层政策设计和管理的问题。

在我国水资源供需矛盾日益突出的今天，一方面淡水资源不足，难以支撑社会经济发展的新需求；另一方面各行业用水浪费现象比比皆是，用水效率不高，节水意识不强。对地表苦咸水（苦咸水河流、苦咸水湖泊）开发利用很少，而对浅层地下微咸水、咸水开发利用较多。地下微咸水、咸水的开发利用方式主要有直接利用、咸水淡化利用两种：一是直接开采浅层地下（微）咸水用于农业灌溉，一般其矿化度为 1 ~ 3g/L，在西北平原区、华北平原区、中东部平原区此种方式已非常普遍；二是咸水淡化用于工业用水和生活用水。根据工业生产对水质的不同要求，对苦咸水采取不同的淡化措施，使其满足用水的工艺要求。生活用水对淡化处理工艺要求较高，需要达到生活用水对水质的标准，方可供给生活应用。对于苦咸水资源开发利用的建议有如下五方面。

1）研究针对地表苦咸水和地下苦咸水的水质特点的淡化方法及设备

苦咸水淡化方法很多，按水体淡化技术发展现状及其实用性，主要有电渗析（ED）、反渗透（RO）、纳滤（NF）和蒸馏法等。近年来淡化技术进步较大，苦咸水淡化逐步得到认可，但地表苦咸水、地下苦咸水的水质特点差别大，在苦咸水淡化工艺设计、设备选型和维护等方面还尚未满足针对性和实效性要求，有待进一步的深入开发研究。

2）加强纳滤技术在苦咸水淡化处理中的应用

纳滤技术用于苦咸水脱盐过程的开发是未来趋势，纳滤技术的开发和应用比反渗透膜大约晚20年。纳滤膜介于反渗透和超滤膜之间，反渗透膜对所在溶质都有很高的脱除率，而纳滤膜对不同价态离子的脱除率有所不同。纳滤过滤是一个低压渗透过程，能耗较低，对一价盐的截留率达到20%～80%，而对二价盐的截留率达到95%以上，既能节约能耗又能有效脱除含盐量。加强纳滤技术在苦咸水淡化处理中的应用研发，开发特种优异的国产化纳滤膜，是促进苦咸水资源利用的产业需求。

3）优化水资源配置，加快构建以配额制为核心的非常规水源利用政策体系

国家水资源管理部门应进一步优化水资源配置。一是提高再生水、雨水、苦咸水、疏干水、海水等非常规水源的利用率。近年来，我国非常规水源利用量虽逐年提高，但利用量仅占用水总量的2%左右，利用率较低。建议进一步加大配置力度，优先将中水、疏干水、苦咸水配置给工业，退出现有工业项目使用的地下水。二是科学调配各行业用水配额，构建以配额制为核心的非常规水源利用政策体系，即根据不同地区水资源紧缺程度和非常规水源情况，对非常规水源利用量或比例做出强制性规定，并配套相关政策（细化非常规水源利用目标配置，加强非常规水源利用基础设施规划与建设，强化监管），切实推进非常规水源利用。三是严格控制高耗水工业用水，压减农业灌溉用水，适度保障生态用水。

4）创新经济政策机制，促进非常规水源开发利用

加快推进水价、水权与水资源税改革，完善创新经济政策机制，促进水资源高效利用与有效保护。一是健全科学的农业水价形成机制，水质不同水价也不同（即优质高价，劣质低价），全力落实精准补贴和节水奖励。结合地下水水资源费改税，提高超采地区特别是严重超采地区的地下水水资源税征收标准。二是建立以政府为主导、社会各界广泛参与的投资机制，大幅增加农田节水资金投入，健全节水灌溉工程的运行保障长效机制及节水补偿激励机制，完善非常规水源利用激励机制。

5）严格水资源开发利用管控，强化非常规水源配额管理与考核

严格水资源开发利用管控，健全法律法规，加强能力建设，形成水资源高效利用与节约保护的长效机制。一是完善管理体制机制、健全管理制度、落实管理责任、细化管理规则、强化监督管理，为地下水管理与水资源节约保护提供法律保障。二是严格落实水资源开发利用控制红线和用水效率控制红线，建立省、市、县三级水资源管控指标体系，实行最严格的水资源管理，改变粗放型用水模式。三是以水资源承载能力为硬约束，严格水资源用途管制。严格禁止高耗水工业使用地下水，对于新增工业用水使用地下水的项目一律不予审批。四是落实农业项目取水许可管理，严禁新增地下水灌溉面积。灌区建设项目必须取得取水许可，未取得的项目要限期补办。项目取水许可审批必须符合最严格水资源管理的用水总量、地下水用水量、农业用水量以及用水效率要求。五是加强地下水动态监测。进一步提高农业用水计量率及取用水户的监控覆盖面，不断提升工农业用水监控管理水平；加快建立地下水监测信息共享机制，加大投入完善各级信息系统平台建设，加强对地下水位、水质动态分析，提升水资源信息化管理水平。

第2章 苦咸水淡化技术进展

2.1 国外苦咸水淡化技术进展

2.1.1 实验开发阶段

苦咸水淡化是几百年来人类一直追求的梦想。最简单的苦咸水淡化的方法是蒸馏法，将水蒸发而留下盐，再将水蒸气冷凝为液态淡水。蒸馏法是人们最早提出并付诸实践的苦咸水淡化技术，值得一提的是，利用太阳能进行苦咸水蒸馏在人类的历史上很早就开始探索。国外利用太阳能进行苦咸水淡化最早可以追溯到1551年，一名阿拉伯炼金术士利用抛光的大马士革镜进行太阳能蒸馏（Al-Hayeka and Badran，2004）。1593年欧洲航海家们就提出使用蒸馏法生产淡水解决远航船只的用水问题。在大航海时代，英国王室就曾悬赏征求经济合算的苦咸水淡化方法。1869年，Mouchot将镀银的玻璃反射镜进行聚光用于太阳能蒸馏（Malic et al.，1982）。1872年瑞典工程师Charles Wilson在智利北部的Las Salinas采矿社区建成世界上第一个大型的太阳能苦咸水淡化装置（Frick and Hirschmann，1973）。Pasteur用球面反射镜聚光进行太阳能蒸馏的实验（Kalogious，1997）。这种传统的单级盘式太阳能蒸馏器结构最简单，其操作维护较方便。但工作介质的热惰性大及未利用潜热导致产水量较低，此外，水量的多少也取决于季节、太阳辐射的区域和强度（Sampathkumar and Senthilkumar，2012）。为了改善此类型太阳能蒸馏器的产水性能，许多学者进行了诸多探索。第二次世界大战期间，出于战争的需要，用蒸馏法淡化苦咸水技术有较大的发展，已用于供应战舰和岛屿的淡水。另一个苦咸水淡化的方法是冷冻法，即冷冻苦咸水，使之结冰，在液态淡水变成固态的冰的同时，将盐分离出去（Oinuma et al.，1994）。两种方法都有难以克服的弊病。蒸馏法会消耗大量的能源，并在仪器里产生大量的锅垢，相反得到的淡水却并不多。这是一种很不划算的方式。冷冻法同样要消耗许多能源，得到的淡水却味道不佳，难以使用。

1953年，新的苦咸水淡化方式——反渗透法问世。这种方法利用半透膜来达到将淡水与盐分离的目的。在通常情况下，半透膜允许溶液中的溶剂通过，而不允许溶质通过。由于苦咸水含盐量高，如果用半透膜将苦咸水与淡水隔开，淡水会通过半透膜扩散到苦咸水的一侧，从而使苦咸水一侧的液面升高，直到一定的高度产生压力，使淡水不再扩散过来，这个过程是渗透过程。如果反其道而行之，要得到淡水，只要对半透膜中的苦咸水施以压力，就会使苦咸水中的淡水渗透到半透膜外，而盐却被半透膜阻挡在苦咸水中。这就是反渗透法。反渗透法最大的优点就是节能，生产同等质量的淡水，它的能源消耗量仅为蒸馏法的 1/40。因此，从 1974 年以来，世界上的发达国家不约而同地将苦咸水淡化的研究方向转向了反渗透法（Lawson and Lloyd，1997）。

1953 年初，C. E. Reid 建议美国内务部将反渗透纳入国家计划。1956 年，S. T. Yuster 提出从膜表面排出所吸附的纯水作为脱盐的可能性。1960 年，S. Lobe 和 S. Sourirajan 制成了世界上第一张高脱盐率、高通量的不对称醋酸纤维素反渗透膜。1970 年美国杜邦（Dupont）公司推出由芳香族聚酰胺中空纤维制成的 Permasep B-9 渗透器，主要用于苦咸水脱盐，之后又开发了 Permasep B-10 渗透器，用于苦咸水一级脱盐。与此同时，美国陶氏化学（Dow）公司和日本东洋纺（TOYOBO）公司先后开发出三醋酸纤维素中空纤维反渗透器用于苦咸水淡化，卷式反渗透元件由美国霍尼韦尔（UOP）公司成功推出。

虽然复合膜的研究从 20 世纪 60 年代中期就已开始，但直到 1980 年美国 FilmTec 公司才推出性能优异且实用的 FT30 复合膜；80 年代末期高脱盐全芳香族聚酰胺复合膜实现工业化；90 年代中期，超低压和高脱盐全芳香族聚酰胺复合膜开始进入市场；2000 年以后，耐污染、极低压和高压聚酰胺复合膜相继出现。

2.1.2 产业化应用阶段

经过多年的发展，苦咸水淡化技术日趋成熟，多级闪蒸、多效蒸馏和反渗透是目前苦咸水淡化领域的三大主流技术。至 2003 年，世界脱盐水产量近 3700 万 m^3/d，其中多级闪蒸和多效蒸馏各占市场的 45% 左右，解决了 1 亿多人口的供水问题。全球苦咸水淡化总容量已经从 1965 年不到 100 万 m^3/d 增加到 1994 年底的 1920 万 m^3/d，并已拥有 100m^3/d 以上的淡化装置 10 300 个（Frick and Hirschmann，1973）。中东地区增长最快，欧洲次之。阿布扎比、迪拜和沙迦等城市通过苦咸水淡化不但解决了居民用水问题，而且实现了沙漠变绿洲的愿望。

苦咸水淡化已是解决全球水资源危机问题的重要途径，尤其在中东地区和一些岛屿地区，淡化水在当地经济和社会发展中发挥了重要作用，已成为其基本水源。

随着社会需求增加和技术的发展，国外苦咸水淡化工程不断向大型化、规模化方向发展，无论是多级闪蒸，还是多效蒸馏和反渗透，其规模均已从最初的日产几百立方米发展到现在的日产几十万立方米。世界上最大的多级闪蒸苦咸水淡化厂是建于沙特阿拉伯的 shuai-ba 苦咸水淡化厂，淡水产量为 46 万 m^3/d；世界上最大的低温多效苦咸水淡化厂建于阿联酋阿布扎比塔维勒水厂，淡水产量为 24 万 m^3/d；世界上最大的反渗透苦咸水淡化厂是建于以色列南部地中海岸工业区的阿什凯隆苦咸水淡化厂，淡水产量为 33 万 m^3/d（Sampathkumar and Senthilkumar，2012）。美国海德能（Hydranautics）公司在弗吉尼亚州艾灵顿谷地建设的淡水产量为 1.5 万 m^3/d 的苦咸水淡化厂将含有 NO_3^-（90mg/L）和 SiO_2（40mg/L）的地下水经反渗透处理后供市政用水，长远目标是使该谷地的地下水复苏。

在苦咸水淡化规模不断增加的同时，苦咸水淡化成本也逐渐降低。其中，典型的大规模反渗透苦咸水淡化成本已从 1985 年的 1.02 美元/t 降至 2005 年的 48 美分/t（Kalogious，1997）。同时，运行及维护、能源消费和投资成本均逐年下降，分别占总成本的 1/3。

2.1.3 新技术应用阶段

1. 膜蒸馏

膜蒸馏最初是由 Bodell 在 1963 年的一篇专利中提出来的（Bodell，1963），1966 年，他将膜蒸馏具体化。1967 年，Weyl 申请了一篇专利，他发现充满空气的疏水膜在蒸汽体系中可被用来从盐中回收去除矿物质的水，并且试图以此为基础来发明提高脱盐效率的新过程（Weyl，1967）。Weyl 在他的另一篇专利中又发明了多级闪蒸膜蒸馏装置，这个装置能多次回收和使用蒸发潜热。

Findley 第一个发表了有关膜蒸馏工作的文献（Lawson and Lloyd，1997）。20 世纪 60 年代末，Findley 报道了直接接触膜蒸馏最基本的理论和结果，总结认为，如果拥有了性能理想、价格低廉、耐高温、耐用的膜，膜蒸馏这个方法就能成为经济的蒸发方法，同时也很可能用于苦咸水淡化。

20 世纪 80 年代末，随着制膜技术的发展，出现了孔隙率高达 80%、厚度低至 50μm 的膜，这使得膜蒸馏重新引起人们的兴趣。Gore 和他的助手们、瑞典开发公司（Andersson et al.，1985）和 Enka A G 开始在膜蒸馏单元中试验他们自己的膜，他们想将这种膜蒸馏单元商品化（Schneider et al.，1998）。Gore 为

“Gore-Tex 膜蒸馏” 开发了螺旋缠绕膜组件，但因为热传递较差引起的性能问题而在商业化之前就放弃了计划。瑞典开发公司在 “SU 膜蒸馏” 中使用的是平板组件，Enka A G 在 “转换膜蒸馏” 中使用的是中空纤维组件。它们在开发相关体系时有了更进一步的理论认识，并报道了它们的理论模型和结果。80 年代末，Enka A G 将它的体系商业化，但并未引起足够的重视。因为在许多装置中不能使用膜蒸馏，所以从商业角度看，膜蒸馏几乎未得到承认。另外，膜蒸馏在理论领域引起了更多学者的兴趣。1990 年以后膜蒸馏的研究文献比 1990 年以前已多了好几倍。膜蒸馏过程的多功能性和其丰富的基本工程概念使得人们对理论研究兴趣日益强烈。另外，人们愿意对于那些能对环境产生好的效果或能解决环境问题的研究投入资金，而膜蒸馏正好具有这个要素。

相对于其他膜分离过程，膜蒸馏还是一种新的膜分离技术，它具有一些其他膜分离过程所不具备的优点：

（1）因为膜蒸馏能在常压和低于溶液沸点的温度下进行，如它可用于化学工业和医药领域中不能使用高温分离的场合，所以膜蒸馏在浓缩对温度敏感的物质上有很大的潜力。膜蒸馏的这一特性，也使它有可能利用太阳能、地热、温泉、温热的工业废水等能源以降低过程的运转成本。

（2）膜蒸馏设备简单，形式多样（有卷式、中空纤维式、管式或平板式）。

（3）膜蒸馏和传统的蒸馏具有相似性，它们都将气-液平衡作为分离的基础，都需要蒸发潜热使相态发生转变，但膜蒸馏除了操作温度比传统的蒸馏低得多之外，它所需要的蒸发空间也比后者小得多，膜蒸馏用微孔膜的孔体积代替后者所需要的较大的蒸发空间，这大大减小了膜蒸馏装置的占地面积。

在膜蒸馏过程中，蒸发区和冷凝区十分靠近，有效地防止了常规蒸馏中料液雾滴的污染和不可冷凝气体的干扰，避免了不溶物质的传输，使制得的水较纯，大大提高了蒸馏效率。

膜蒸馏只用疏水膜支撑气-液界面，再加上操作温度较低，通过设备表面进入环境中损失的能量较少，所以膜蒸馏是一个高效率的分离过程，而且相较于传统的蒸馏所用的金属容器，膜蒸馏中所用的膜表面更不易被腐蚀或污染。

（4）维持微孔疏水膜两侧较高的温差可以得到较高的膜蒸馏通量。

（5）利用水蒸气才能通过膜的性质，可以大规模低成本地制备超纯水。因为膜蒸馏的截流率为 100%，而反渗透制纯水，脱盐率一般为 95% ~98%。

（6）膜蒸馏与其他膜分离过程相比，一个突出的优点是这一膜过程可以处理浓度极高的水溶液，即可以把非挥发性溶质的水溶液浓缩到极高的浓度，甚至达到过饱和状态。例如，反渗透过程与溶液的渗透压有关，溶液浓度越高，渗透压就越大，所需操作压力也越大，所以反渗透难以用于浓缩高浓度的溶液。而膜蒸馏只要在膜的两侧有足够的温差和膜具有强的疏水性就可以进行高浓度溶液的浓缩，它不受渗透压的影响，而且在高浓度时，膜蒸馏的流量比反渗透大（Kimura et al.，1987）。

膜蒸馏用于浓缩高浓度溶液时，非挥发性的溶质能被浓缩到饱和状态，若溶质是易结晶物质，便会出现膜蒸馏结晶现象，随着膜蒸馏的进行而不断析出结晶产物，这在其他膜分离过程中几乎是见不到的。膜蒸馏结晶现象给应用膜过程直接生产固体结晶物带来了可能性。

（7）膜蒸馏组件很容易设计成潜热回收的形式，并具有以高效率的小型组件构成大规模生产体系的灵活性。

但到目前为止，膜蒸馏过程还有一些无法克服的缺点：

（1）膜蒸馏用于浓缩溶液时，若浓缩物的黏度大，则传质阻力大，因而流量小。例如，膜蒸馏用于浓缩牛奶时，膜会被脂肪黏附而污染，从而使膜蒸馏通量很低（第一次全国水利普查成果丛书编委会，2017）。

（2）膜蒸馏通量较小，虽然增加膜两侧的压力差可以显著增加膜蒸馏通量，但膜两侧的压力差最大不能超过液体进入膜孔的压力（Diroli and Wu，1985），在微孔疏水膜的表面复合亲水层可有效提高膜蒸馏通量，但在稀溶液浓度下仍不能与反渗透、超滤等膜过程相比。

（3）膜蒸馏要使用微孔疏水膜，膜蒸馏和常使用的几种膜相比，由于材料成本和加工费用较高，直接影响膜蒸馏技术的大规模应用。

（4）膜蒸馏的传质、传热现象间的相互影响很复杂，但膜蒸馏表面上的简单性使人们难以弄清这种复杂的相互影响，所以膜蒸馏技术的商业化速度很慢。

尽管如此，膜蒸馏仍不失为一种有发展前途的膜分离过程，在苦咸水淡化方面仍具有良好的应用前景。

2. 露点蒸发技术

海水淡化的规模越来越趋向于大型化和超大型化，以多效蒸馏、多级闪蒸和反渗透为代表的现代海水淡化工业，非常适合大规模的集中供水。但是这些淡化方法对于中小规模供水利用低位热能（如太阳能、地热以及工厂废热等）都不太方便，利用成本高，且效率较低。与此同时世界上还有许多缺水地区的淡水需求相对分散，如沿海渔村、岛屿以及内陆苦咸水地区等。我国西北地区深居内陆，大部分地区气候干燥，雨雪稀少，多数湖泊蒸发强烈，从而演化成矿化度较高的咸水湖或盐湖，如新疆的 139 个湖泊中只有 3 个淡水湖。这些地区往往基础设施薄弱，常常既缺水又缺电，难以提供传统淡化技术必需的高温蒸汽和充足的电力。因此，研究开发利用低位热能的中小型淡化技术（如露点蒸发技术）便是当前十分迫切的任务。

露点蒸发技术是一种新型的海水和苦咸水淡化技术，其原理与传统蒸馏法和反渗透法都不相同。它以空气作为载体，通过用海水或者苦咸水对其增湿和去湿来制得淡水，并通过热传递将去湿过程与增湿过程耦合（Müller-Holst et al., 1998），有效地将冷凝潜热传递到蒸发室，回收冷凝潜热，为蒸发盐水提供汽化潜热，使热量得到重复利用，以提高淡化过程的热效率。另外值得一提的是，露点蒸发技术过程并不是传统意义上的蒸发过程，而是一个由汽液平衡规律决定的汽化过程（熊日华等，2004）。

露点蒸发技术于1988年由W. F. Albers等提出，是由太阳能蒸馏淡化技术发展而来的新型淡化技术，与传统蒸馏淡化和膜法淡化完全不同（Larson et al., 1989）。

经过20余年的先期研究后，美国内政部开发局于1998年将其作为“脱盐与水净化研发计划”（DWPR）中重要的研究课题，并于1999年9月发布了最后报告（Beckman，1999）；在2001年5月向美国国会提交的报告中，该局又提出露点蒸发技术正在逐渐受到重视（高从堦，2007）。特别是经过以Beckman为代表的美国亚利桑那州的亚利桑那大学人员的不懈努力，已取得了一些令人鼓舞的成果（Beckman，2001，2001，2002）。实验装置大致分为两类：水平连续接触装置和竖直连续接触装置，这两类结构分别类似于传统蒸馏法淡化中的水平串联结构和塔式结构（Beckman，2001）。

2003年9月，美国内政部开发局决定继续资助露点蒸发技术的中试研究，并在美国亚利桑那州Phoe-nix第23大街废水处理厂建立了一套38m^3/d的露点蒸发中试设备，将5000mg/L的反渗透排放水浓缩至200 000mg/L。这一系列的研究计划说明露点蒸发技术已引起重视，并处在迅速发展的过程中。

目前，露点蒸发技术距离大规模工业应用还有一段距离。

3. 流动电容（吸附法）

电容去离子又称流动电容苦咸水淡化，其通过流通型电容器（flow through capacitor，FTC）的充电（离子吸附）和放电（离子解吸）循环操作实现对苦咸水的淡化。

早在20世纪60年代，Blair和Murphy（1960）在淡化领域创造性地提出了“电化学除盐”的概念。该理论认为溶液中的盐离子与电极表面的某些化学官能团通过氧化还原反应可以构筑起“离子键”，从而使盐离子从溶液中分离出来，故只有当电极材料表面具备大量拥有“离子响应”能力的化学官能团时，该材料才拥有电化学除盐的能力，电极材料也因此被分为“阳离子响应”和“阴离子响应”两大类。

由于 Blair 和 Murphy 发现大部分的碳材料表面拥有奎宁、间苯二酚及其类似的官能团，能够选择吸附阳离子，故早期的研究都着重于寻找拥有“阴离子响应”能力的电极材料（Arnold and Murphy，1961；Blair and Murphy，1960）。1966 年，Evans 和 Hamilton（1966）运用电量和质量平衡分析法对电化学除盐的反应机理进行研究。研究认为电极通电后，阴极首先发生法拉第反应，吸附 H^+ 并产生 OH^-；OH^- 的产生为弱酸基团的离子化提供了合适的碱性环境，通过离子交换的机理实现电化学除盐，再通过施加反向电压使体系的 pH 降低，使吸附的离子释放出来，实现电极的再生。该理论的提出，让人们认为电化学除盐过程中，脱附阶段的电压必须与吸附阶段的电压相反，同时，离子的吸附量和吸附效率由电极材料的表面官能团所决定。1967 年，Murphy 和 Caudle（1967）首次通过数学模型拟合电化学除盐的过程。Murphy（1969）使用硫酸、硝酸对活性炭进行改性。研究认为，酸改性后的活性炭材料表面羧基浓度显著增加，从而使电极拥有离子交换的能力。Abbas 等（1968）的研究发现，除了典型的钠离子与氯离子外，钙离子、镁离子、硝酸根离子、硫酸根离子及磷酸根离子都能有效地被去除。Newman 等（1970）突破性地提出了“双电层”理论，找到了电化学除盐的真正机理。该研究提出“不对称运行方式”，即在脱附阶段，不需要通过“反转电压”使电极再生，从而使整个系统的操作流程得到优化。同时，研究还指出电极与溶液的接触面会发生法拉第反应，将导致电极的分解，故从除盐效率的方面来看，法拉第反应是不必要的。同时，Johnson 和 Newman（1971）对多孔电极吸附效果的研究表明，双电层厚度（容量）、电极有效表面积以及工作电压是影响电吸附量的决定性因素，进一步证明了“双电层”理论的正确性。基于“双电层”理论，无数的科学家着手于优化“双电层”理论及新型电极材料的开发。Soffer 和 Folman（1971）的研究发现，即使微孔的孔径极小（0.5 ~ 3nm），盐离子也能够进入多孔电极内部形成双电层。到了 20 世纪 80 年代，反渗透技术的迅猛发展与实用化，以及早期碳材料性能的限制，导致电容去离子技术发展的停滞。直到 90 年代，针对除盐所用的碳材料的研究开始迅猛增加，使电容去离子技术重新回到人们的视野中。在所有新型碳材料中，由 Farmer 开发的碳气凝胶，由于其良好的导电性和极大的比表面积，受到了广泛的关注（Farmer，1995）。碳气凝胶应用于多种离子（如硝酸钠）吸附的研究也随之进行（Farmer et al.，1996，1997）。之后，多种碳基新材料，如碳纳米管（Yang et al.，2013；Zhang et al.，2006；Dai et al.，2006）、碳纳米纤维（Zhan et al.，2011；Wang et al.，2006）、石墨烯（Bai et al.，2014；Wimalasiri and Zou，2013；Jia and Zou，2012）、微孔活性炭（Porada et al.，2012）、介孔活性炭（Zou et al.，2008）、化学修饰活性炭（Wu et al.，2016；Yan et al.，2014；Kim et al.，2014；Huang et al.，2014）被陆续开发出来并运用到电容去离子领域中。与已有的苦咸水淡化方法相比，电容去离子具有以下优势：

（1）利用低压直流电源供电即可吸附和解吸溶液中的离子，过程操作便捷可控，能耗低。

（2）电容器放电过程中的电能可被回收利用或储存。

（3）电极可通过加载负载或倒换极性的方式得到再生，无须消耗化学药品，也不产生污染。

（4）能够直接用来去除 TDS>35 000mg/L 的苦咸水或其他溶液中的带电离子，电极在高盐度情况下也不会降解。

（5）过程产水回收率高，无浓缩液排放问题。

总体来说，目前国外苦咸水淡化技术主要研究突破点集中在以下几个方向：

（1）国外应用苦咸水淡化技术的国家在不断增加建设规模、降低生产成本的同时，还不断在集成化、深层化方向上对苦咸水淡化技术进行开发。其中，水电联产、热膜联产等多种技术相结合的集成化可有效降低苦咸水淡化生产成本，是未来苦咸水淡化技术的主要发展趋势。

（2）苦咸水淡化技术的发展现在进入了一个节能、环保、防垢、高效的阶段，为了更好地实现绿色环保的发展战略，必须运用多种手段来对苦咸水淡化技术作进一步的改进和提高。

（3）不断完善工程优化技术。降低造水成本，将是努力的方向之一。

（4）新材料、新工艺的采用使装置性能提高，并显著降低苦咸水淡化装置的制造费用和提高装置性能。

（5）开发新的替代能源。

2.2 国内苦咸水淡化技术进展

2.2.1 我国苦咸水淡化技术发展概况

苦咸水淡化的方法主要有蒸馏法、电渗析法、反渗透膜法、纳滤膜法、离子交换法、冷冻法、萃取法等。其中，电渗析法、反渗透膜法、纳滤膜法目前在我国生产中应用比较广泛，蒸馏法、冷冻法、萃取法极少应用。

1. 蒸馏法苦咸水淡化技术

蒸馏法是最早利用的苦咸水淡化技术，它的优点是结构简单，制作和维护都比较容易。我国从20世纪60年代开始进行船用小型压汽蒸馏装置的研究开发，70～80年代初进行过日产淡化百吨的多级闪蒸中试研究，取得了一定的设计参数和经验，80～90年代开发了规模达$30m^3/d$的（常压和负压）压汽蒸馏装置，并进行了试用。蒸馏法以海水淡化为主，苦咸水淡化方向的研发工作较少。但在高盐度苦咸水淡化方向有报道，如1997年倪海采用多级闪发蒸馏方法处理塔里木沙漠气田的地下苦咸水，该原水盐含量为12万ppm①，处理后的淡水盐含量可保持在20ppm左右（倪海，1997）。2001年王建平等采用多级闪发蒸馏方法应用于高浓度（50 000～100 000ppm）苦咸水淡化的试验研究（王建平等，2001），研制样机淡水产量为$30m^3/d$，淡水含盐量为5～14ppm，同时还在川西南矿内（给水盐度为50 000～240 000ppm）研制安装了规模为$30m^3/d$的多级闪发蒸馏苦咸水淡化装置。由于闪发蒸馏方法耗能高，因而在中、低盐度苦咸水淡化方面应用少，在高盐度苦咸水淡化方面具有明显的优势。但因高盐度苦咸水分布少，其淡化规模小，因而蒸馏法在苦咸水淡化中没有得到广泛推广应用。

2. 电渗析法苦咸水淡化技术

电渗析是我国最早研究应用的淡化水技术，早在1958年，我国就开始了采用电渗析法淡化海水、苦咸水的研究工作，并研制了离子交换膜和电渗析器，直到1966年，第一批（六台）循环式海水淡化电渗析器产生，其由120对聚乙烯醇异相膜（280mm×800mm×2mm）、手工尼龙绳编织网无回路隔板组装而成。1967年实现了苯乙烯-二乙烯苯型异相离子交换膜的工业化生产。其后，苯乙烯-二乙烯苯型异相离子交换膜正式扩大试生产，基本上弥补了聚乙烯醇膜强度低、需湿保存的不足。另外，新型鱼鳞网隔板和一次式除盐工艺的研制成功、几种消除和防止极化沉淀方法的研究成功、800mm×1600mm×2mm大型电渗析器的试制成功、几个具有示范意义的除盐水站的建成，推动了我国电渗析法苦咸水淡化技术的发展和应用。1967年后，全国海水淡化会战组织成立，大量成果的取得，使之成为当时我国电渗析技术的中心，进一步提高了我国电渗析技术的水平。1970年，中国科学院有关单位总结了上述经验，推荐了这些成果，促使电渗析技术的科研、生产和使用以较快的速度发展起来。1971年6月甘肃省科技局为了利用苦咸水资源，促进农业生产，解决广大农民饮水问题，开始了苦咸水淡化研究，并在会宁县安装了两台电渗析淡化装置。

1974年底召开的第一次全国海水淡化科技工作会议，在总结之前工作的基

① $1ppm=1\times10^{-6}$。

础上，制订了电渗析技术的发展规划，确定了进一步开展大容量、高效率、低能耗、低水耗、高稳定性除盐新工艺的研究工作。1979 年 9 月召开了第二次全国海水淡化科技工作会议，制订了 1978 ~ 1985 年海水淡化科研生产发展规划，成立了国家科委海洋专业组海水淡化分组，为电渗析技术的发展创造了良好的条件（张裕厚，1979）。

此外，1975 年 11 月第一次全国电渗析技术经验交流会、1979 年 10 月第一次全国海水淡化论文交流会、1980 年 11 月第二次全国电渗析反渗透技术经验交流会，以及 1978 年和 1980 年第六次和第七次国际海水淡化会议等国内外学术交流活动，对推动电渗析技术的深入研究和广泛应用起了一定的作用。电渗析除盐水站的建成，推动了电渗析技术的发展，加快了多种均相离子交换膜的研制和中试放大、电极动力学研究和新型钛钌电极的制备、大型 ED 膜堆的设计和开发、频繁倒电极技术和工艺的研究等，使我国 ED 膜堆的工艺水平达到世界先进水平。因工艺技术精湛、装置价格低廉，外商无法与我国竞争，电渗析技术在低浓度苦咸水淡化方面最先占据了较大的市场，到 2013 年，国内电渗析装置的总产水量约为 60 万 m^3/d，年产离子交换膜超过 40 万 m^2。有 140 余套日产水量在 1000 ~ 5000m^3 的电渗析装置在全国各地运转，是世界上使用电渗析装置进行苦咸水脱盐最多的国家。仅山西 10 多个矿区日产水量就超过 2 万 m^3，处理后的苦咸水用作冷却水和生活用水。最大的电渗析装置建于河南巩县电厂，日产水量为 7200m^3。中、小型电渗析苦咸水脱盐装置约 3000 套。

3. 反渗透膜法苦咸水淡化技术

自从 1960 年 S. Loeb 和 S. Sourirajan 研制出第一张高通量、高分离率的醋酸纤维素反渗透膜以来，反渗透膜分离技术得到了迅速发展。

1967 年前后我国以醋酸纤维素为膜材料，开始了反渗透膜分离的研究，它是我国研究最广泛、最活跃的一种分离膜技术。1970 年，中国科学院北京化学所开展了醋酸纤维素分子量对膜性能影响的研究。为了解决西北苦咸水地区部队、工矿、农村的饮用水问题，中国人民解放军兰州军区某部卫生防疫检验所和中国科学院兰州冰川冻土沙漠研究所沙漠室苦水淡化组于 1971 年开展了用反渗透法淡化苦咸水的研究，于 1972 年研制成功日产 1m^3 淡化水的小型反渗透苦咸水淡化装置。1973 年，中国科学院大连化学物理研究所等开展了芳香聚酰胺型非对称反渗透膜材料的研究，随后合成了 DP-1 芳香聚酰胺—酰肼膜材料。1974 年，根据国务院批示，由中国科学院召开了全国海水淡化科技工作会议，总结交流经验，制定了规划。1975 年前后，北京工业大学等以 3,3-二氨基二苯砜、4,4-二氨基二苯砜和对苯二甲酰氯、间苯二甲酰氯为原料，开展了抗氧化性的芳香聚酰胺膜材料的研究，考察了不同间、对位单体对膜性能的影响，筛选了各种铸膜液组成及成膜条件，发现用全对位单体合成的聚砜酰胺膜具有最大的透水量和最高的脱盐率。

20 世纪 80 年代中期，醋酸纤维素中空纤维和卷式反渗透膜实现工业化，其工艺技术接近国外同类产品先进水平。1985 年辽宁 8271 厂从美国 Desal 公司引进了第一代反渗透膜的生产线，并于次年投产面市。1986 ~ 1989 年"中国-澳大利亚政府间合作水脱盐"项目在兰州实施，澳大利亚提供了一体式可移动的日产 72m^3的反渗透苦咸水淡化装置，该装置在兰州中川国际机场、长庆油田等地完成了现场运转，进行了反渗透苦咸水淡化的技术推广。进入 90 年代，国外新一代性能优异的反渗透复合膜已实现工业化并销入中国，国产反渗透复合膜组器亦开始工业化生产，但其性能仍比国外差。1996 年辽宁 8271 厂又从 NL 公司引入第二代反渗透膜制膜技术及部分生产线，1999 年投产当年为河北沧州化工实业集团有限公司 18 000m^3/d 亚海水膜法淡化工程提供了 1200 支 SW-8040 膜元件。同期，无锡海洋膜工程有限公司亦从 NL 公司引进同样的反渗透膜制膜技术与生产线，建成后因故未投产。

2001 年贵阳汇通源泉环境科技有限公司和杭州北斗星膜制品公司分别从 CNC 公司和 MST 公司引进 FT-30 系列膜的制造技术与生产线。2004 ~ 2005 年初先后小批量投产，2005 年在国内反渗透膜市场中占有率为 2.5%。截至 2005 年，我国已建成四条引进第二代反渗透膜的生产线，总设计规模达 400 万 m^2/d，仅小于美国。国内基本具备自主设计、制造同类反渗透膜的生产线能力；除专用淡水、浓水网格外，主要膜材料均可自产。2005 年，在甘肃省定西市安定区实施了万吨级反渗透苦咸水淡化产业化示范工程，完成了项目的一期工程，该水源为低盐度苦咸水，淡化水产量为 5000m^3/d，水回收率大于 70%，脱盐率为 94%，吨水成本为 1.49 元，碱度和矿化度很低，可作为直饮水。2005 年 10 月在甘肃宁县建成淡化水产量 3000m^3/d 的反渗透苦咸水淡化工程（安兴才，2006），水源为低度苦咸水（溶解性总固体含量为 1724mg/L），系统回收率为 85%，脱盐率>95%，淡化水用部分沙滤后水勾兑，来调整淡水 pH 和增加淡水水量，制水总成本为 1.47 元/m^3，淡化水水质符合《生活饮用水卫生标准》（GB 5749—2006）。2008 年实施的西北最大的低盐度苦咸水淡化工程——庆阳市苦咸水淡化工程（王应平等，2010），日淡化水产量为 16 320m^3，其中 13 440m^3是苦咸水淡化直接产生的水产量，2880m^3是苦咸水淡化产生的浓水进一步淡化产生的水产量，水源为低度苦咸水（溶解性总固体含量为 1270mg/L），系统回收率为 85%，脱盐率>95%，终端出水达到《生活饮用水卫生标准》（GB 5749—2006）的理化指标。截至 2013 年，在水利部农村饮水工程的支持和甘肃省各级水务部门的努力下，甘肃省环县以乡镇为单位，完成了 8 个乡 120m³/d 的反渗透（纳滤）苦咸水淡化站的建设工作，解决了上万人的饮水问题。

4. 纳滤膜法苦咸水淡化技术

纳滤技术的开发和应用比反渗透膜大约晚 20 年。我国对纳滤膜的研究始于高从堦院士等在全国膜学术交流会上的介绍，之后我国的纳滤技术迅速发展，广泛应用于苦咸水淡化、大分子有机物的纯化和浓缩以及废水和污染水的处理与回用。众多学者结合苦咸水水质特点以及处理要求，分析研究纳滤膜脱盐机理等，认为纳滤膜完全可以应用于苦咸水淡化中，有利于解决西北和华北平原一些干旱地区饮用苦咸水的问题。国外纳滤膜产品的价格高于反渗透膜，同时国内纳滤膜产品开发较迟，造成我国纳滤膜在水软化、低盐度苦咸水淡化和水中有机物脱除方面的工程应用不多，但在低盐度苦咸水淡化方面开展了一些工作。1997 年 4 月在山东长岛县南陛城水厂建成了淡化水产量为 144m³/d 的纳滤苦咸水淡化工程。纳滤膜选用美国陶氏 NF90 型号，该装置操作压力为 0.75MPa，淡水回收率为 56%，吨水耗电量为 1.43kW · h，该工程由杭州水处理技术研究开发中心有限公司设计。2001 年，国家海洋局天津海水淡化与综合利用研究所承担的天津市科学技术委员会科技攻关项目——苦咸水淡化技术与示范工程，应用纳滤技术将含盐量为 1500mg/L 左右的浅层苦咸水淡化为含盐量小于 300mg/L 的可直接饮用水，每吨水的成本低于 3 元。2002 年，甘肃省膜科学技术研究院在甘肃酒泉地区马鬃山镇实施了淡化水产量为 120m³/d 纳滤苦咸水淡化工程。纳滤膜选用美国陶氏 NF90 型号，同时解决了水中 α 射线超标问题，达到了《生活饮用水卫生标准》（GB 5749—2006）的指标。2006 年，甘肃省膜科学技术研究院承担了科技部农业科技成果转化资金项目——纳滤膜装置在农村安全饮水项目中的示范应用，在甘肃环县四合原乡实施了淡化水产量为 120m³/d 的纳滤苦咸水淡化工程（吕建国和王文正，2009），纳滤膜选用杭州北斗星 BDX4040N-70，膜进口压力为 0.97MPa，系统操作压力为 0.8MPa，淡水回收率为 75%，吨水耗电量为 1.24kW · h，淡化水符合《生活饮用水卫生标准》（GB 5749—2006）。2009 年，甘肃省膜科学技术研究院吕建国和王文正（2009）研究了甘肃庆阳的纳滤淡化高氟苦咸水工程。结果表明，纳滤系统可有效去除苦咸水中过量的氟离子及其他有害物质，处理后出水氟离子小于 0.11mg/L，符合《生活饮用水卫生标准》（GB 5749—2006），并且系统能够长期稳定运行。2010 年，临汾市政府为改善城市供水水质，投资建设淡化水产量为 8 万 m³/d 的纳滤技术深度水处理工程，经纳滤技术处理后水中硫酸盐及总硬度去除率均可以达到 95% 以上，与原水勾兑后外供水水质符合国家《生活饮用水卫生标准》（GB 5749—2006）的要求，且系统运行情况良好，制水成本约为0.76元/t。

纳滤法苦咸水淡化在低盐度苦咸水淡化为饮用水方面具有工程投资低、运行费用低和饮水水质优等方面的优势，是一种更合理、有效的淡水技术。

5. 膜蒸馏法苦咸水淡化技术

膜蒸馏技术是近20年来发展的新型膜分离技术，与传统蒸馏相比，它不需要复杂的蒸馏系统，且能得到更纯净的馏出液；与一般的蒸发过程相比，它的单位体积的蒸发面积大；与反渗透比较，它对设备的要求较低，且原水浓度变化对淡化过程影响小。因此膜蒸馏方法被认为是一种节能、高效的分离技术，为缓解能源紧张提供了一种简单、有效的淡化技术方法。

1999年，中澳机构合作项目“用膜蒸馏技术处理中国西北地区的苦咸水”正式启动。该项目的深入开展，为苦咸水的淡化开辟出一条经济可行的新技术路线，具有重大的社会效益和可观的经济效益。2002年，张永波研制了用于苦咸水淡化的聚偏氟乙烯（polyvinylidence fluoride，PVDF）微孔蒸馏膜。所制备接近通孔结构的PVDF微孔复合膜对水蒸气的传导阻力较小，支撑体涂膜前的防水处理及复合膜的抗污染处理提高了膜的整体性能，比较适合利用膜蒸馏法对苦咸水进行脱盐，传质传热模型的建立对实际生产具有指导意义（张永波，2002）。2004年，杨兰和马润宇进行了膜蒸馏法淡化苦咸水中的膜污染研究，结果表明：硫酸钙、碳酸钙和氢氧化镁是苦咸水中的主要结垢物，它们在膜表面沉积、结垢，使膜通量下降，甚至会破坏膜的疏水性，对料液进行预处理可有效防止沉积物的出现（杨兰和马润宇，2004）。2005年，张建芳使用不同膜孔径的聚丙烯中空纤维膜减压膜蒸馏淡化处理罗布泊苦咸水，馏出液的电导率都在10μS/cm以下，实验结果表明，膜的渗透通量随着膜的孔径的增大而提高，在实验范围内，馏出液的电导率不随膜的孔径增大而变化（张建芳，2005）。

2010年，中国科学院生态环境研究中心环境水质学国家重点实验室联合中国矿业大学（北京）化学与环境工程学院，采用相转化法以无机盐氯化锂和水溶性聚合物聚乙二醇为添加剂，制备了聚偏氟乙烯中空纤维疏水膜，所制得的膜具有较高的盐截留率，膜通量可达40.5kg/(m^2·h)。以自制的PVDF疏水膜进行了直接接触式膜蒸馏（direct contact membrane distillation，DCMD）苦咸水脱盐应用试验研究。实际苦咸水淡化过程中，随着浓缩倍率的提高，在进料侧会产生$CaCO_3$沉淀，造成膜组件堵塞、疏水膜受到污染，致使膜渗透通量下降、产水电导率升高。酸化预处理可以消除沉淀物对膜蒸馏过程的影响，酸化后整个膜蒸馏过程中膜渗透通量保持稳定，产水水质良好，其电导率不超过10μS/cm。贾晨霞和田瑞（2011）通过实验重点研究膜组件切向入流管结构参数对膜通量的影响情况，包括喷嘴形状、进水管与所在圆周中心距离、喷嘴前端距膜面距离等参数对膜通量的影响。在大量实验的基础上，研究表明有旋转切向入流对膜通量的增大有明显的影响作用，而且鸭嘴形喷嘴较圆柱形喷嘴在形成旋转入流方面有优势。吕海莉等（2012）利用目前国内生产的聚四氟乙烯（poly tetra fluoroethylene，PTFE）疏水膜，以自来水、盐水溶液作工质进行了多层并接气隙式膜蒸馏实验，比较了几种膜的分离性能，研究了料液温度、料液流量、浓度对膜渗透通量的影响，以及各种膜的通量稳定性及污染情况。2013 年，新疆德蓝水技术股份有限公司研制低温膜蒸馏苦咸水设备，获得科技部第一批科技惠民项目立项支持，在新疆典型苦咸水地区之一的岳普湖县进行应用，让当地 69 所学校的 2.2 万名学生喝上蒸馏水。同期，山东京鲁水务集团有限公司选用自制的 PVDF 疏水膜及组件以 DCMD 工艺处理农村高氟苦咸水，考察了进料液温度、流速、浓度等对膜渗透通量及截留率的影响，结果表明：随着进料液温度、流速的增加，膜渗透通量都有一定的提高；进料液浓度的增加会导致膜渗透通量下降，但是下降趋势不显著。在高氟苦咸水淡化过程中，高浓缩倍率下的运行会使膜组件堵塞、疏水膜受到污染，致使膜渗透通量下降，产水电导率升高。将 pH 调节到 4 后，在浓缩倍率为 5 的条件下连续运行 200h 后，结果显示膜渗透通量及产水水质都比较稳定，产水电导率不超过 10μS/cm。徐静莉等（2015）采用聚丙烯中空纤维膜的真空膜蒸馏对苦咸水进行淡化。结果表明，在相同流量下，进料液温度越高，膜渗透通量越大。当进料液温度为 75℃、进料液流量为 1L/min、渗透侧压力为 5kPa 时，膜渗透通量可以达到 8.6kg/(m^2·h)，产水中只有微量离子存在，脱盐率达到了 99.9% 以上。

2.2.2 我国苦咸水淡化技术发展前景

1. 苦咸水淡化利用现状

我国苦咸水开发利用起步较早，苦咸水淡化工程建设和脱盐技术、设备研发在近 20 年得到了较快发展。在苦咸水利用方面，据我国相关主管部门不完全统计，截至 2015 年，我国苦咸水年总利用量为 76.2 亿 m^3（占全国年可开发利用量的 38%），其中，苦咸水淡化年利用量约为 8.8 亿 m^3，占年总利用量的 11.5%，主要是工业用水和城乡居民饮用水，其他 88.5% 的利用量主要是农业灌溉和工业、生态用水及农村居民饮用水。我国约有 3170 套苦咸水淡化装置在运行或部分运行，日产淡水规模约 296 万 m^3。苦咸水淡化装置主要采用的技术是电渗析和反渗透，其中 1000 ~ 7000m^3/d 大型苦咸水电渗析装置有 147 套，最大的苦咸水电渗析装置在中国石化上海石油化工股份有限公司，日产淡水规模为6600m^3，最大的苦咸水反渗透装置在中国铝业股份有限公司山西分公司，日产淡水规模为3.84m^3。

2. 苦咸水淡化利用的发展趋势

1）我国近10年（2010~2020年）苦咸水淡化规模增长迅速

在苦咸水利用方面，据国家有关主管部门统计，2010~2020年，我国苦咸水淡化装置新增约10万m^3/d，重点解决了苦咸水分布区电力、精细化工所需的淡水和农村居民的饮用水，加上灌溉和生态直接利用的苦咸水量，截至2020年，我国苦咸水分布区苦咸水利用量达到10亿m^3/a，直接投资约150亿元。在此期间，国家发改委和有关部委，着手以甘肃定西市城市供水1万m^3/d苦咸水反渗透淡化水厂为示范，进一步完善苦咸水淡化技术标准规范体系、政策法规和产业化成套技术。

2）苦咸水淡化利用技术发展方向

2018年，自然资源部印发《自然资源科技创新发展规划纲要》，提出要大力发展海水及苦咸水资源利用关键技术，形成规模化利用示范，突破低成本、高效能海水淡化系统优化设计、成套和施工各环节的核心技术。从政策层面继续支持苦咸水淡化技术的发展。

目前，苦咸水淡化技术正向高效化、低能化和规模化的方向发展，纳滤苦咸水淡化在低盐度苦咸水淡化中具有工程投资低、运行费用低、饮水水质优等方面的优势，随着国产纳滤膜制备技术的发展，纳滤滤苦咸水淡化技术将在低盐度苦咸水地区得到广泛应用。

膜蒸馏在苦咸水淡化中作为新型技术，其优势在于产水通量及水质受原水水质变化影响较小，同时与压力驱动膜过程相比，膜污染风险小，在利用太阳能、地热和余热的情况下，具有一定的发展前景。

电渗析过程操作便捷、污染小，预处理要求低，具备一定的抗污染能力，适用于一些小型苦咸水脱盐工程。

反渗透苦咸水淡化技术具有操作简便、选择性强、不同膜的高度兼容性、能耗低、稳定性高、工艺规模灵活性等优点，随着膜产品价格不断下降，反渗透苦咸水淡化工程成本持续下降，反渗透苦咸水淡化技术将迎来更广泛的应用前景。

3. 我国苦咸水利用的市场预测（2020~2025年）

据中国膜产业发展报告，到2025年海水、苦咸水淡化工程新增150万m^3/d，平均每年新增 30 万 m^3/d，膜在海水、苦咸水淡化应用总市场规模达到 15 亿元。

目前，我国从国家领导到企业经营人和社会有识之士，已意识到苦咸水利用是解决区域水资源短缺的重要途径。但我国的相关规划、可行性研究、设计及其技术咨询、设备装置研发与制造、工程施工与运行管理等方面与世界先进水平相差较多，尤其是区域规划及淡化工程规划、可行性研究与技术咨询、大型淡化工程的设计及技术咨询、大型淡化装置制造等还有不足，也未形成具备优势生产规模的产业基地。因此，这些领域有较大的发展空间。

|第3章| 苦咸水淡化技术

3.1 蒸馏法苦咸水淡化

3.1.1 蒸馏法苦咸水淡化技术及基本原理

蒸馏法苦咸水淡化是根据苦咸水中各种成分的沸点不同，加热使其中的水沸腾蒸发，蒸汽冷凝生成淡水的过程。蒸馏法应用比较早，方法已经非常成熟。

下面通过一个简单的蒸发冷凝系统，对蒸馏法苦咸水淡化技术的基本原理进行说明，其工艺过程如图 3-1 所示（Kucera，2014）。

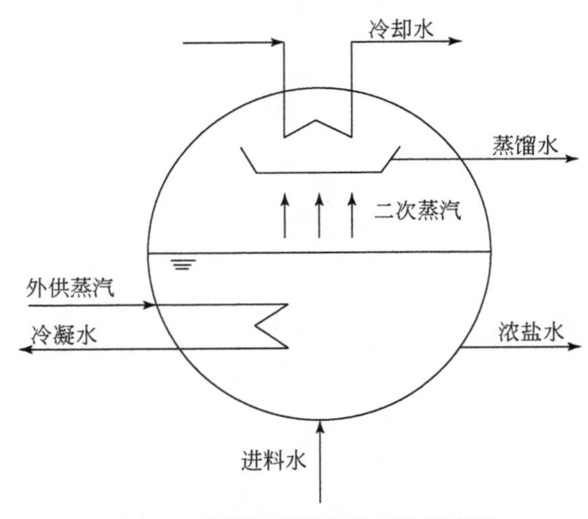

图 3-1　简单的蒸发冷凝系统示意图

进出系统的物料有三种，分别是进料水 F、浓盐水 B 和蒸馏水 D。另外，有两个能量交换过程，分别是外供蒸汽热流量 Q_H、冷却水热流量 Q_C。

计算基于以下三个假设条件：①只有纯水被蒸发；②进料水温度与蒸发器温度相同；③蒸馏水和浓盐水都没有被冷却。

产品水含盐量理论上为零，实际工程中仅为5～10mg/L，为便于计算，在工艺计算过程中，假设蒸馏水的含盐量为零。因此，可得到质量、盐量和能量平衡关系。

1）质量平衡

$$m_F = m_B + m_D \tag{3-1}$$

式中，m_F 为进料水流量，kg/s；m_B 为浓盐水流量，kg/s；m_D 为蒸馏水流量，kg/s。

2）盐平衡

$$m_F \cdot x_F = m_B \cdot x_B \tag{3-2}$$

式中，x_F 为进料水含盐量，%；x_B 为浓盐水含盐量，%。

3）能量平衡

$$Q_H = Q_C \tag{3-3}$$

式中，Q_H 为外供蒸汽热流量，kJ/s；Q_C 为冷却水热流量，kJ/s。

根据上述能量平衡式，系统的外供能量与最终向冷却水释放的能量是相等的，这也是由热力学第一定律所决定的。外供能量的主要用途是从原料水中蒸馏出蒸馏水。在蒸汽蒸发过程中，存在以下能量平衡关系：

$$Q_H = m_D \cdot \Delta h_{V,T_V} \tag{3-4}$$

式中，$\Delta h_{V,T_V}$ 为纯水在一定蒸发温度和蒸发压力下的汽化潜热，kJ/kg。

3.1.2 蒸馏法苦咸水淡化适用范围及工艺比选

由于蒸馏法苦咸水淡化耗能高，因而在中、低盐度苦咸水淡化中应用较少，而在高盐度苦咸水淡化中，具有独有的优势。随着太阳能技术的发展，基于太阳能热利用的蒸馏法苦咸水淡化有了很大发展，在中、低盐度苦咸水淡化中也有了大量的应用。相对于其他淡化方法，蒸馏法对进料水的水质要求不高，不需要复杂的预处理过程，而且能够适应进料水质在很大范围内的变动。装置运行稳定、可靠，负荷可以在较大范围内调节。淡水由蒸汽冷凝得到，因此产品水水质较好。蒸馏法根据所用的能源、设备及流程不同，主要分为以下四种：多效蒸馏、多级闪蒸、压汽蒸馏和太阳能蒸馏。此外，还有以上几种方法的组合。

多效蒸馏和多级闪蒸苦咸水淡化工艺适合大型淡化厂，规模越大越经济，一般用于电水联产。压汽蒸馏适合没有充足低品位蒸汽供应而电力供应充足的地区。太阳能蒸馏适合光照充足的地区。

3.1.3 多效蒸馏苦咸水淡化

1. 原理及特点

多效蒸馏苦咸水淡化技术历史久远，其淡化效率也较高。多效蒸馏过程的发生装置是一系列蒸发器，这些蒸发器称为效。典型的多效蒸馏苦咸水淡化工艺如图 3-2 所示。多效蒸馏的原理是第 1 效蒸发器利用外部提供的热源进行加热，其余各效压力依次降低，因此可以利用上一效二次蒸汽的潜热蒸发，使得蒸汽的潜热得到多次利用，提高造水比。另外，多效蒸馏通常与蒸汽喷射器相结合，将中间某一效的低品位蒸汽压缩后作为热源重新进入第 1 效蒸发器，以此提高造水比。蒸汽喷射器的原理是：利用高压蒸汽通过喷嘴时产生的高速气流，在喷嘴出口处产生低压区，实现对低压蒸汽的抽吸作用；射流边界层的湍流扩散作用，使高压工作流体和低压工作流体混合进行能量交换，形成压力居中的混合流体；该混合流体进入蒸汽喷射泵混合室后，行进速度均衡，通常还伴随压力升高；随后进入扩压室，速度不断减小，动能不断转换为压力势能（阮国岭和高从堦，2017）。多效蒸馏苦咸水淡化技术可以采用热电厂低品位蒸汽的余热，相比其他蒸馏法淡化技术来讲，能耗较低。但是由于前几效的蒸发温度较高，传热表面易形成结垢、腐蚀，需经常清洗。20 世纪 70 年代，一些多效蒸馏淡化厂将第 1 效蒸发器的操作温度控制在 70℃左右，大大降低了设备结垢、腐蚀的可能性，但是由于传热温差的降低需要安排更多的传热面积。

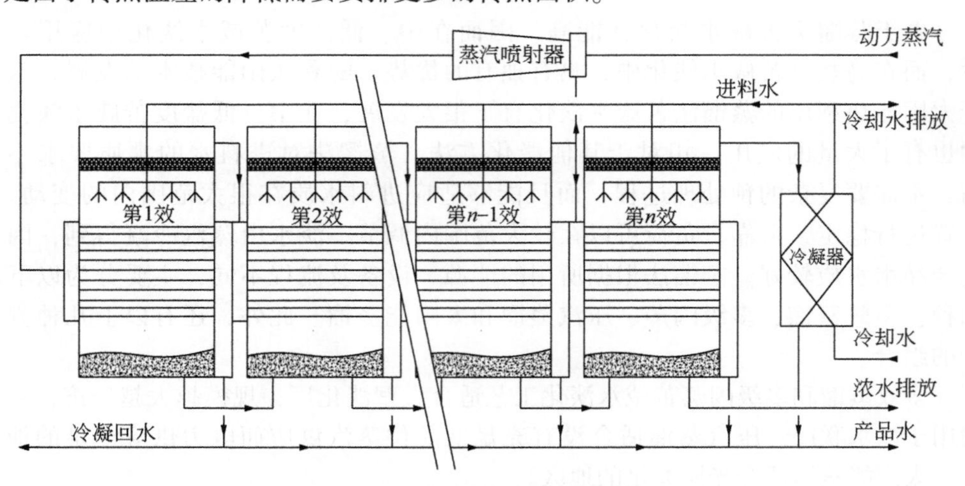

图 3-2 多效蒸馏苦咸水淡化工艺

多效蒸馏苦咸水淡化工艺既有优点又有缺点，其优点包括：①与其他蒸馏淡化方法相比，能耗较低；②传热过程为双侧相变传热，传热系数高；③在较低的温度和浓度下运行，能够减少腐蚀和结垢；④维护费用较低；⑤能够利用多种形式的热源，包括电厂、工业废热及太阳能热转换得到的低品位蒸汽、热水；⑥淡水侧压力高于盐水侧压力，泄漏发生时盐水不能进入淡水侧，不影响产品水水质。其缺点包括：①由于高温下会有结垢及腐蚀问题，对高温热源的适应性较差；②由于装置结构复杂，不宜小型化应用；③设备投资较高。

目前多效蒸馏的研究多集中于提高其传热效果、耐腐蚀材料、系统优化等方面。

2. 管式多效蒸馏苦咸水淡化设计及装备

管式多效蒸馏苦咸水淡化有多种变化形式，流程的变化主要体现在苦咸水的进料方式、苦咸水的流动方式及各效蒸发器的组合方式等，主要有以下几种形式（阮国岭，2013）。

1）预热串联

所有进料水经逐效预热后，进入温度最高的蒸发器内，相邻两效间的盐水由水泵输送，蒸发产物淡水依靠效间的压差逐效自流闪蒸。

2）预热并联

进料水在预热器中被预热后，部分直接进入相应的蒸发器内，盐水和淡水都依靠效间的压差实现逐效自流。

3）无预热并联

此流程是所有流程中最简单的。进料水不经过预热，直接进入蒸发器内，在蒸发器内部分进料水被加热后汽化。缺点是该流程的热效率几乎不随蒸发器效数的增加而增大，因而只适用于蒸发器效数比较少的小容量淡化厂。

4）逆流串联

进料水和蒸汽的流动方向相反，进料水从温度最低的末效蒸发器进入系统，由盐水泵逐效向前输送，浓盐水从浓度和温度最高的第 1 效蒸发器内流出。盐水在蒸发器内被加热到沸点，因此可以省略盐水预热器。

5）逆流并联

此流程是无预热并联流程和逆流串联流程的组合。在此流程中，一系列蒸发器串联起来并被分成若干效组，进料水并行进入由两效或多效蒸发器组成的末组蒸发器中并被加热到沸点，部分进料水蒸发汽化，剩余部分进料水在下一组蒸发器内重复加热、蒸发汽化过程。各效中生成的淡水和流出的盐水依靠压差逐效闪蒸。

6）塔式串联

蒸发器采用层叠的塔式布置，进料水可以依靠自身重力和效间压力差，实现逐效流动，而不需要水泵输送，因此系统运行的可靠性增加。

7）塔式分流

蒸发器分两列层叠布置，两列塔之间通过一系列的预热器相连。

多效蒸馏淡化装备主要由各效蒸发器和末端的冷凝器组成，一般为圆筒形结构，也有方形结构。蒸发器主要由筒体、传热管、管板、淡水箱及其支撑组件、喷淋系统、捕沫装置等部件组成（高从堦和阮国岭，2016）。蒸发器内部的核心部件是传热管，其数量及布置方式需要根据工艺设计的要求确定，根据《管壳式换热器》（GB 151—1999）对管板的厚度要求进行计算，确定管板的支撑形式及传热管的安装方式。传热管与管板的连接方式主要有胀接、焊接、胀焊、弹性胶圈连接等，不同的连接方式适用于不同的工况。装置的规模越大，单效所需传热管的长度越长，因此需要在蒸发器内设置中间支撑管板防止传热管的挠度变形。喷淋系统的支撑结构则需要根据工艺确定的喷头布置进行设计。捕沫装置按形式分为丝网式与折流板式两种，按结构又分为整体式和分块式两种，捕沫板的结构也有多种形式（包括 V 形、W 形等）。外部构件主要包括封头、加强筋、鞍座、接管等。其他辅助部件包括装置支架、平台、人孔、视镜、爬梯、扶手等。多效蒸馏装置关键技术在于保证蒸发器的密封性能以保证运行真空度，相邻蒸发器采用筒体法兰或焊接方式进行连接，采用法兰连接需设计相应结构的橡胶密封圈。对于大型多效蒸馏淡化装备，一般都会配置蒸汽喷射泵，如图 3-3 所示。蒸汽喷射泵主要由喷嘴、接受室、混合室、喉管、扩压室等几部分组成。蒸汽喷射泵的性能直接影响装置的造水比和能耗等关键指标，需要根据蒸汽参数以及压缩比和扩压比进行详细设计计算。

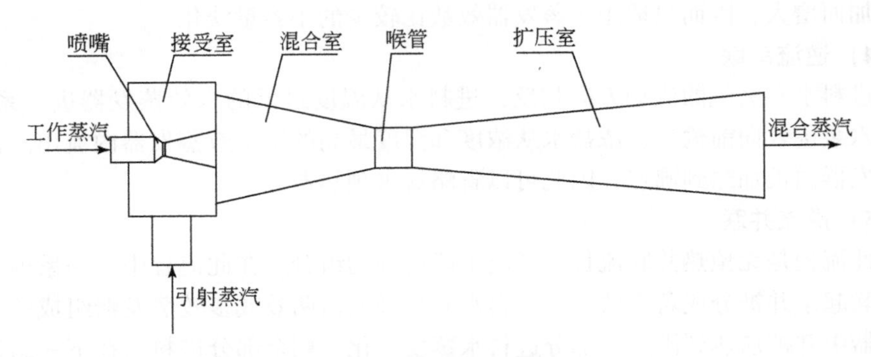

图 3-3　蒸汽喷射泵结构

3. 板式多效蒸馏苦咸水淡化设计及装备

板式多效蒸馏与管式多效蒸馏的原理是相同的，工艺相似，只是换热表面的结构不同，使用传热板片代替传热管，在板片两侧实现苦咸水蒸发和蒸汽冷凝。换热板片结构如图3-4所示。由于采用标准化部件，板式多效蒸馏装置可以实现批量化生产和快速安装，传热面积可通过增加或去除板片进行调整，装机容量扩展性强。相对于管式多效蒸馏，板式多效蒸馏无须喷淋设备，蒸发器结构也会更加紧凑，占地面积小。板式多效蒸馏一般整体结构设计为框架式，通过在内部布置隔板分离出各效空间，在每个隔断空间内布置板片、进水系统、汽液分离系统等，使得每一隔断空间构成多效蒸馏传统意义上的“1效”。各效的苦咸水进料量设计确保苦咸水在换热板片上呈薄膜状，避免出现水流过少或干涸区域而造成板片表面结垢。与管式多效蒸馏相比，板式多效蒸馏蒸汽压力损失较大，受结构强度限制，板片不能做得很大，因此大型淡化装置应用较少。

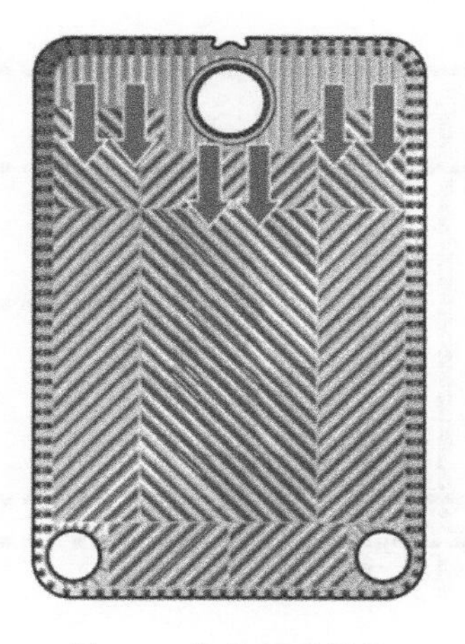

图3-4　换热板片结构

板式降膜蒸发器示意图如图3-5所示。加热蒸汽自换热板片上部一角孔进入，冷凝后由下部角孔流出至淡水箱；料液自换热板片上部另一角孔进入，在重力作用下沿板片侧壁成膜状下降，并在此过程中部分受热蒸发，蒸发蒸汽和浓盐水在下端板缝流出。

板式冷凝器示意图如图3-6所示。冷凝器采用逆流，即蒸汽自板片上端板缝进入，冷凝后的淡水由下端角孔流出至淡水箱；原料苦咸水作为冷却水自板片下端角孔流入，上端角孔流出。

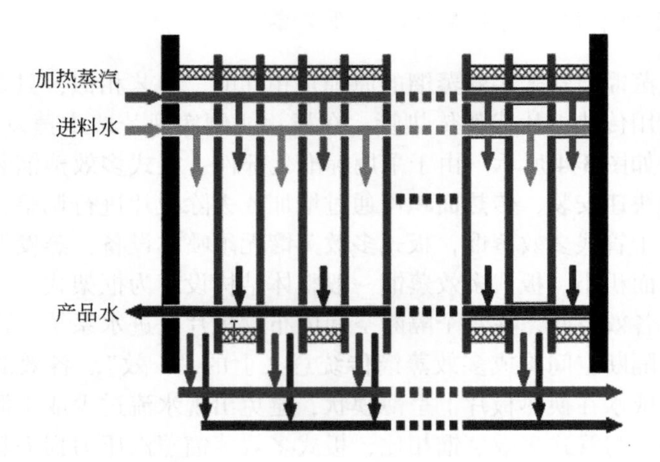

图 3-5 板式降膜蒸发器示意图

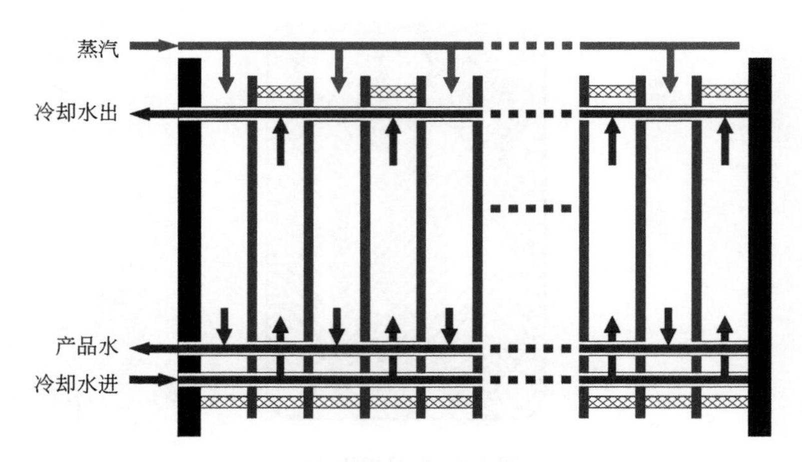

图 3-6 板式冷凝器示意图

当采用热水作为热源时，1 效蒸发器属于单侧相变，热源热水对料液苦咸水加热，使之部分蒸发，由于 1 效蒸发器温度最高，采用升膜蒸发能有效避免“干壁”，降低结垢倾向。板式升膜蒸发器示意图如图 3-7 所示。加热水自一级升膜蒸发器的上端角孔进入、下端角孔流出，然后进入二级升膜蒸发器；料液自升膜蒸发器的下端角孔流入，蒸发蒸汽和浓盐水在上端板缝流出。

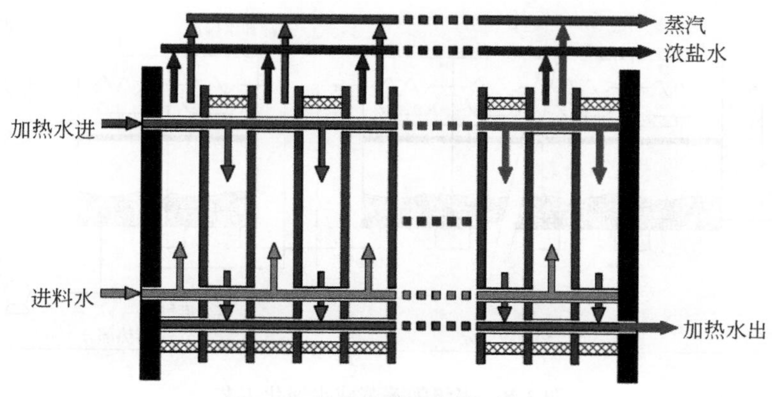

图 3-7　板式升膜蒸发器示意图

3.1.4　多级闪蒸苦咸水淡化

1. 原理及特点

多级闪蒸是 20 世纪 50 年代发展起来的苦咸水淡化技术。如图 3-8 所示，在多级闪蒸过程中，苦咸水由加热器加热到一定温度后进入闪蒸室逐级闪蒸。多级闪蒸的经济性在于苦咸水在通过各个闪蒸室的过程中，由于操作压力的不同，蒸发温度不同，在有温度梯度的各个闪蒸室中逐级蒸发，可以利用各级闪蒸室产生的蒸汽冷凝放出的热量对进料水进行加热，使进料水温度提高，节省能源。多级闪蒸由热输入部分、热回收部分和排热部分组成。此外，随着近代科技的发展，在闪蒸过程中添加新型阻垢剂可以提高进料水的置顶温度。这样，一方面可以增大级间温差，缩小闪蒸装置的面积；另一方面可以安排更多的闪蒸室，提高淡水产量，降低生产成本。

多级闪蒸苦咸水淡化工艺既有优点又有缺点，其优点包括：①单机容量能够设计得非常大；②能够安排非常多的级数，能达 40 多级；③操作温度可高达 90～120℃；④加热面与蒸发面分开，使得传热面的结垢减少，垢层积累变得缓慢；⑤结垢发生在闪蒸室，而不是传热管表面，因此结垢对系统的换热效率影响较小；⑥设备投资与原料水的盐度基本无关；⑦能与电力生产相结合，进行电水联产。其缺点包括：①设备投资和能耗较高；②占地面积较大；③存在材料腐蚀问题；④设备启动较慢；⑤造水比相对较低。

如何进一步降低造价和减少能耗成为这一技术目前面临的问题，因此现在的工艺改进主要侧重在设备材料选择和装置简化两个方面。

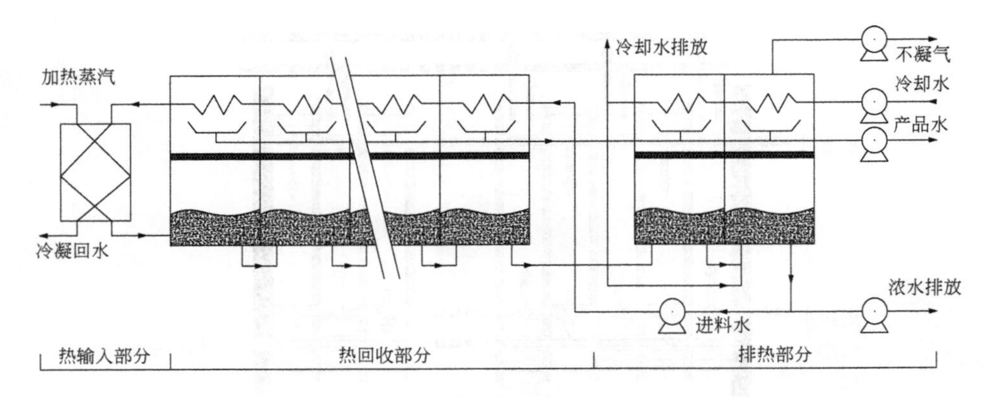

图 3-8　多级闪蒸苦咸水淡化工艺

2. 多级闪蒸苦咸水淡化设计及装备

多级闪蒸苦咸水淡化按照有无浓水循环，分为一次通过式和浓水循环式。浓水循环式将部分浓水循环使用，能够减少取水量，浓缩倍数高，使用的化学添加剂较少，并能够良好地控制进料海水的温度。因此，除非进料水浓度本身很高，一般都用浓水循环式。浓水循环式多级闪蒸由热输入部分、热回收部分和排热部分组成。

热输入部分为盐水加热器，通常为 1 台双回路列管式热交换器，用来加热循环盐水。其组成包括壳体、传热管和管板。传热管为无缝钢管，传热管与管板之间采用胀接密封焊接工艺。盐水加热器管内为循环盐水，壳侧为汽轮机低压抽气。

热回收部分闪蒸室，是多级闪蒸装置的核心设备，从多级闪蒸的原理可知，闪蒸室的基本结构分为上、下两部分。下部为闪蒸，上部为冷凝。如图 3-9 所示，闪蒸室由冷凝管束、捕沫器、淡水盘、节流孔等组成。

排热部分闪蒸室，一般只设一段排热闪蒸室，每段分若干个闪蒸级，其他结构与热回收部分闪蒸室相同。除具有同热回收部分一样产水的作用外，热排放部分在一定的外来海水温度范围内，还可以根据入口进料温度调整进料流量，保证循环盐水温度的稳定，以利于设备的稳定运行。

闪蒸室的冷凝管束，按照长度和安排的方向来分，分为短管式、长管式，如图 3-10 所示（El-Dessouky et al., 2016）。

（1）短管式结构。短管式的各闪蒸室冷凝器分别独立，每级有单独的管束，管束长度只有数米，管束与闪蒸盐水的流向垂直。短管式的优点是制造、安装、维修、更换均较方便，缺点是级与级之间需连接管道、水室等，当级数增多时，

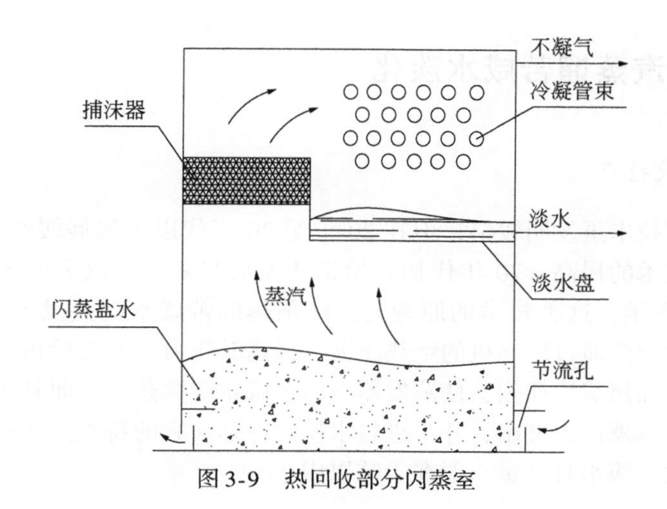

图 3-9　热回收部分闪蒸室

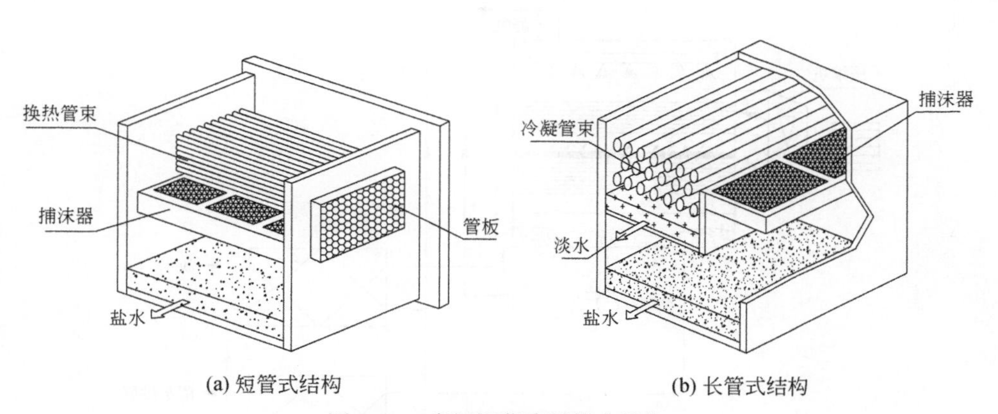

(a) 短管式结构　　(b) 长管式结构

图 3-10　多级闪蒸冷凝管束结构

扩大、缩小、改变流向等会造成较大的流体压头损失。同时各级冷凝器彼此隔离，设备费用较高，从而妨碍了级数的增加和设备的大型化。因此，对于大型装置目前多考虑设计成长管式结构。

（2）长管式结构。长管式指同一管束连续贯穿许多级，管束和闪蒸盐水的流向平行，盐水不走 S 形。这样长管式结构中盐水的阻力损失大大降低，有利于降低造水电耗，对于大型装置，整个装置可以分成几组，每组设置一个长管束。长管式冷凝器制造、安装、维修、更换均较复杂，通过各级隔板处要求密封，技术要求高，存在如级与级间漏气量不易控制、传热管发生穿漏或堵管等缺点。

3.1.5 压汽蒸馏苦咸水淡化

1. 原理及特点

压汽蒸馏技术虽发明较早，但在20世纪70年代以前发展缓慢，随着压汽、密封、传热技术的提高，70年代初开始迅速发展起来。压汽蒸馏苦咸水淡化工艺如图3-11所示，这种技术的原理是，经预热的苦咸水到蒸发器中受热汽化，蒸发出的二次蒸汽通过压缩机的绝热压缩，提高其压力、温度后再送回蒸发室的加热室，作为加热蒸汽使用，使蒸发器内的苦咸水继续蒸发，而其本身则冷凝成水，冷凝水从蒸发器内抽出，并与进料水换热冷却。它的特点是能耗较低，但是规模一般不大，淡水日产量一般在千吨以内。

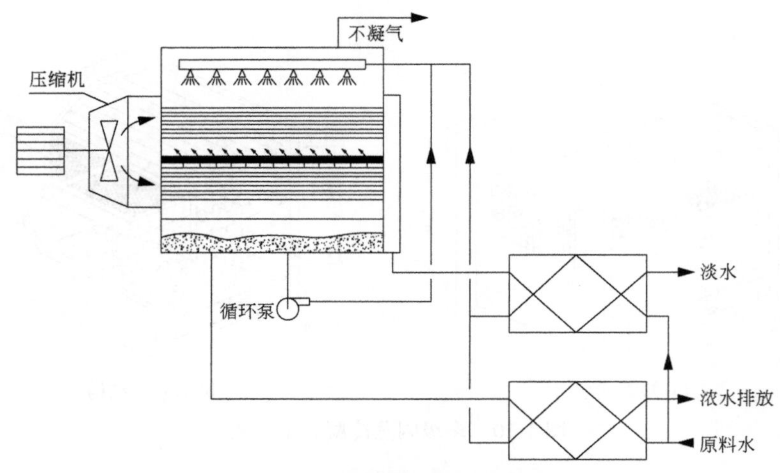

图3-11　压汽蒸馏苦咸水淡化工艺

压汽蒸馏苦咸水淡化工艺既有优点也有缺点，其优点包括：①结构紧凑；②仅消耗电力，不需要外部热源，适合有电力输送的偏远地区；③不需要冷凝器，因此没有冷却水消耗；④设备投资相对低；⑤低温运行，结垢和腐蚀不严重，散热少。其缺点包括：①压缩机电耗与传热温差有关，为了能够使用较为廉价的离心式压缩机，传热温差不能高于10℃；②由于压缩机只适合形成较小的压差，压汽蒸馏装置一般只有1效；③大型的压缩机造价较高，因此通常只用于小型淡化装置。

目前压汽蒸馏的研究，集中在压缩机效率的提高及压缩机容量的提高方面。

2. 压汽蒸馏苦咸水淡化设计及装备

压汽蒸馏苦咸水淡化装置主要由以下系统和部件组成：蒸发器、抽真空系统、进料水换热器、辅助冷凝器、压缩机系统以及支座、支架、平台。图 3-12 为自然资源部天津海水淡化与综合利用研究所设计的国内第一台压汽蒸馏苦咸水淡化装置。该装置是受新疆塔里木石油勘探开发指挥部委托、由自然资源部天津海水淡化与综合利用研究所设计制造的高浓度压汽蒸馏苦咸水淡化装置。该装置 1991 年 4 月开始运行造水。运行实践表明，该淡化装置设计合理，结构紧凑，自动化水平高，保护装置完善，操作简单方便，淡化水质优良，系我国首次在塔里木沙漠油田使用的压汽蒸馏苦咸水淡化装置（佚名，1995）。

图 3-12　压汽蒸馏苦咸水淡化装置

蒸汽压缩机是压汽蒸馏苦咸水淡化工艺回收冷凝潜热的驱动设备，压汽蒸馏苦咸水淡化装置所需的能量基本上是从蒸汽压缩机压缩功获得的，通常只需要提供很少的补充热量。常用机械压缩机有离心式、轴流式、罗茨式和螺杆式等。

其中离心式和轴流式均属于透平式压缩机，透平式压缩机主要由转子和定子两部分组成。转子由叶轮、主轴、联轴器等零部件组成，构成转动部分。运行时，驱动机输入的机械能由转子传递给蒸汽。定子由机壳上的蜗壳及机壳所包含的静止零部件组成。定子的作用是导流气流，使气流按一定规律进入叶轮并从叶轮流出，定子在导流过程中，使气流在压缩机内的一部分动能转变成压力能，进一步提高蒸汽压力。

罗茨式和螺杆式均属于容积式压缩机，工作时其转子在气缸内进行回转运动，周期性地改变转子与汽缸的相对位置，即改变其所包容的蒸汽体积。这两种容积式压缩机都是利用机械能，以改变机器内腔容积的方式，实现连续的吸气、压缩、排气、膨胀过程。

3.1.6 太阳能蒸馏苦咸水淡化

太阳能是指太阳的热辐射能量，是一种可再生自然能源，也是人类最早使用及最重要的能源，具有储量丰富、清洁无污染、开采和运输便利等特点。作为环保的新型能源，太阳能拥有巨大的市场前景，可以带来良好的社会效益、环境效益与经济效益。目前到达地球陆地表面的太阳能辐射高达17.3万亿kW，每秒照射到地球上的能量相当于500万t煤的能量总和。我国的太阳能资源十分丰富，全国2/3地区的年辐射总量大于5020MJ/m^2，年日照数在2200h以上。随着石油、煤炭等化石能源日趋枯竭和大气环境污染的加剧，以及太阳能利用技术的提高与成本的降低，太阳能在生产和生活中的应用程度有了极大的提升。

近几十年以来，随着淡水资源缺乏加剧，苦咸水淡化越来越得到重视，太阳能苦咸水淡化技术随之也得到了极大发展。纵观太阳能苦咸水淡化研究历程，利用太阳能进行苦咸水淡化，其能量利用方式可分为两种：一是利用太阳能产生的热能来驱动苦咸水相变过程，即传统的蒸馏法，主要应用太阳的低级能量；二是利用太阳能发电来驱动渗析过程，即新型的膜技术，主要应用太阳的高级能量。针对利用太阳能产生的热能驱动苦咸水相变过程的淡化系统来说，一般可以分为直接法和间接法两类，如图3-13所示（Ali et al., 2011）。直接法是将太阳能利用部分和淡化部分集中于一体的方法；间接法是将太阳能利用部分和淡化部分分开的方法。一般来说，直接法占地面积较大，蒸发和传热效率低，产水量相对比较小，主要在早期的苦咸水淡化中应用，目前太阳能利用技术和淡化技术都比较成熟，太阳能苦咸水淡化以间接法为主。

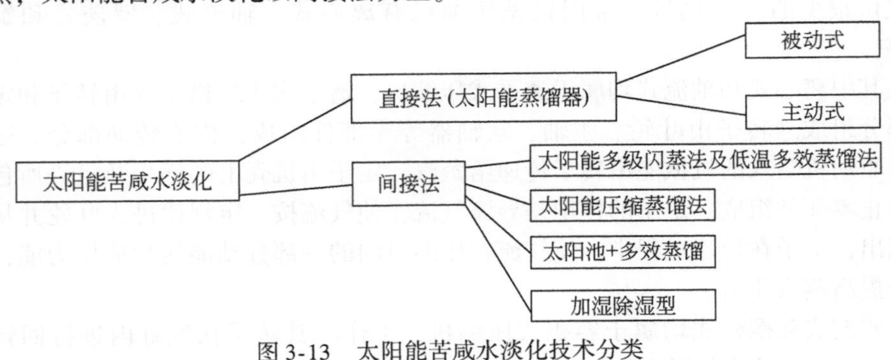

图3-13 太阳能苦咸水淡化技术分类

1. 直接法太阳能苦咸水淡化

直接法太阳能苦咸水淡化是人类受到自然界中水汽蒸发、云雨变换等自然现象的启发，使用的生产淡水的方法，这种方法直接利用太阳辐射能的热量，加热苦咸水使其蒸发，水蒸气遇冷凝结成淡水。对于直接法太阳能苦咸水淡化装置，可以根据系统中是否存在附加部件，如太阳能集热器、风机及冷却水泵等，分为被动式太阳能苦咸水淡化蒸馏器和主动式太阳能苦咸水淡化蒸馏器两类（Tiwari，1992）。

1）被动式太阳能苦咸水淡化蒸馏器

被动式太阳能苦咸水淡化蒸馏器是最传统的太阳能蒸馏装置，装置中不存在任何利用电能驱动的动力元件，也不存在能主动加热的太阳能集热器等部件。蒸馏器中，淡水的获得完全靠太阳能的作用被动完成。

在被动式太阳能苦咸水淡化蒸馏器中，盘式太阳能蒸馏器是最早应用的形式之一，而单效盘式太阳能蒸馏器又最为典型，应用也最为普遍，如图3-14所示（El-Bialy et al.，2016）。单效盘式太阳能蒸馏器设计为一个密闭温室，温室顶部由玻璃或塑料制作的透明盖板密封，底部有密封水槽，水槽底铺有黑色衬里，其上装有薄薄的一层苦咸水（厚度为2～3cm）。照射到蒸馏器上的太阳辐射，大部分透过透明盖板，小部分被盖板吸收或反射。透过盖板的太阳辐射，小部分从水面反射，其余大部分通过水槽中的黑色衬里被苦咸水吸收，使水温升高（可达60～70℃），并使部分水蒸发。由于顶部盖板吸收的太阳能很少，且直接向大气散热，盖板温度低于水槽中的水温。底部水槽中的水会在水面和盖板之间通过辐射、对流以及热传导等换热形式进行蒸发，水蒸气在盖板下表面进行凝结而放出汽化潜热，凝结水会在重力作用下顺盖板流下，汇集于集水槽中，成为产品淡水。此外，蒸馏器盖板外部下端可以设置水收集装置，雨季时期用于收集雨水，这样可以充分利用雨水来制备淡水。对于单斜坡盖板式和双斜坡盖板式两种单效蒸馏器，需要充分考虑不同地区的太阳辐射角度，根据设备安装地区的地理纬度来确定，纬度大于20°的地区适合使用单斜坡盖板式蒸馏器，纬度小于20°的地区可选择双斜坡盖板式蒸馏器，由此可实现太阳辐射利用最大化（Carolina，2012）。

单效盘式太阳能蒸馏器具有设备简易、操作方便、运行维护费用低、太阳能能耗小等特点，只要日照时间长的地区均可以采用此技术。应用这种蒸馏器生产淡水的成本主要是设备材料费，因此，在保证蒸馏器使用寿命以及蒸发效率的前提下，可采用结构简单的设备以及造价低的材料降低设备投资。目前，双斜坡盖板式单效盘式太阳能蒸馏器的最高能量利用率约为35%，单位面积产水量一般

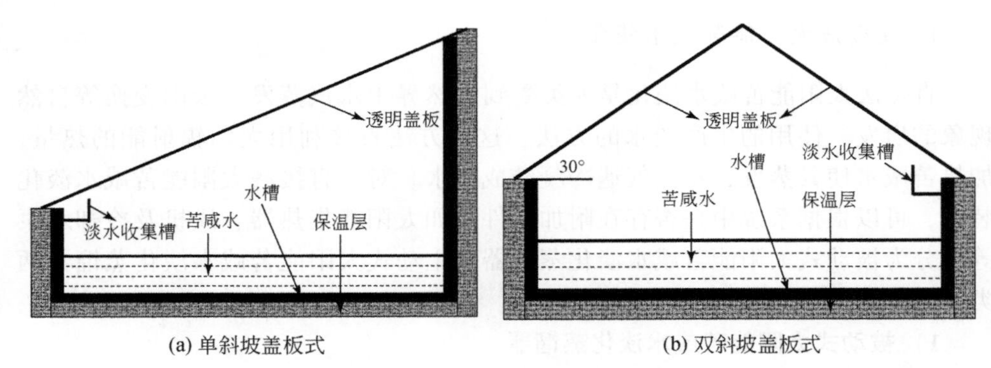

图 3-14　盘式太阳能蒸馏器

为 3～4L/d（Daniels，1971）。

为提高太阳能利用效率，增大单位面积产水量，需要对单效盘式太阳能蒸馏器的材料选择、热性能改善等方面进行研究。国内外学者对此进行了大量研究，提出了多种其他形式的被动式太阳能蒸馏器。Kumar 等（1991）研究设计了三效盘式太阳能蒸馏器，用来解决单效盘式太阳能蒸馏器中不能充分利用水蒸气在顶部盖板凝结所释放潜热的问题。针对白天光照时间段内蒸馏器内温度过高以及夜间温度过低的状况，可以在蒸馏器水槽下方装填热致相变材料，通过材料相变过程实现白天能量存储以及夜间能量释放，蒸馏器在夜间可以实现连续运行，提高装置产水量（Omar，2013）。此外，为解决单效盘式太阳能蒸馏器中苦咸水容量过大、受热蒸发速度缓慢、出水时间延迟的问题，Sodha 等（1980）研制了一种多级芯型太阳能蒸馏器，结果表明，单位面积产水量提高 16%，产水效率提高 6.5%。

淡水生产能力是被动式太阳能蒸馏器最重要的性能指标，通常用单位面积的蒸馏器在一天内生产淡水的数量来表示。影响产水能力的因素很多，主要有太阳辐射强度、天空温度、风速、环境温度等气象学参数，以及蒸馏器设计形式、底部水深、衬里涂料、侧边/底部热损失等工艺设计参数。被动式太阳能蒸馏器的产水量可由式（3-5）初步估算（高从堦和阮国岭，2016）：

$$Q=\frac{E\times G\times A}{\lambda} \tag{3-5}$$

式中，Q 为被动式太阳能蒸馏器的产水量，L/d；E 为被动式太阳能蒸馏器的总效率，无量纲；G 为日总太阳辐射量，MJ/m^2；A 为被动式太阳能蒸馏器的集光面积，m^2；λ 为水的汽化潜热，约为 2.3MJ/kg。

以典型的日总太阳辐射 18.0MJ/m^2（5kW · h/m^2）为例计算，对于总效率为 30% 的单效盘式太阳能蒸馏器来说，单位面积的产水量约为 2.35L/d。

尽管被动式太阳能蒸馏器具有结构简单、操作便捷、运行费用低等特点，但其内部传热传质过程以自然对流方式为主，造成单位采光面积的产水量比较低，产水效率和太阳能利用率都不高，因此设备占地面积很大，系统整体经济性有待提高。

2）主动式太阳能苦咸水淡化蒸馏器

主动式太阳能苦咸水淡化蒸馏器最早是由 Soliman（1976）提出的，主要是为了解决被动式太阳能苦咸水淡化蒸馏器对太阳辐射利用率低、工作效率不高、产水量小、夜间不能连续运行等问题。之后经过研究者们的大量试验研究，主动式太阳能苦咸水淡化蒸馏器已经出现多种不同形式，如图 3-15 所示（郑宏飞，2013）。在主动式太阳能苦咸水淡化蒸馏器系统中，其他附属设备的加入，或是大幅度提高系统的运行温度，或是明显改善了系统内部的传热传质过程，或是能主动回收蒸汽冷凝的释放潜热，因此系统的单位采光面积的产水量得到明显提高。

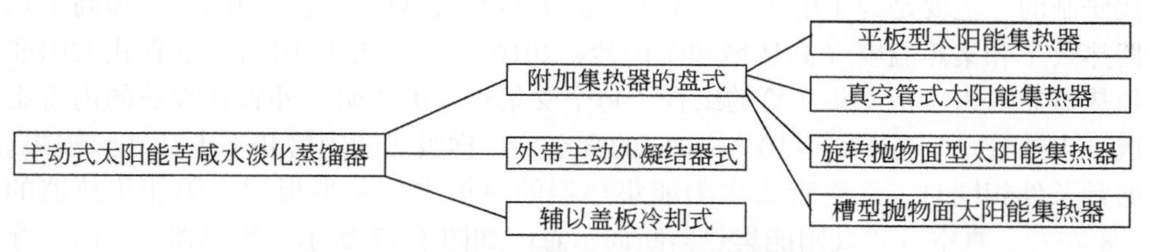

图 3-15　主动式太阳能苦咸水淡化蒸馏器分类

A. 太阳能集热器

太阳能集热器是将太阳辐射能转换为热能，并传递给在其内部流动的流体（如水、空气、导热油等）的部件，根据太阳光接收方式的不同，目前常用的太阳能集热器可分为非聚光型和聚光型两类。

非聚光型太阳能集热器不需要跟踪太阳，通常是固定安装或只需要按季节做适当调整即可。非聚光型太阳能集热器既可以接收直射辐射又可以接收散射辐射，主要包括平板型太阳能集热器和真空管式太阳能集热器两种形式。

平板型太阳能集热器是当前应用最为广泛的太阳能利用装置，广泛应用于游泳池、生活用水以及工业用水等领域，主要由透明盖板、吸热板及保温箱体组成，断面示意图如图 3-16 所示（Lourdes et al.，2002）。平板型太阳能集热器固定安装，结构简单，无集中的能量转换系统，通常用水作为换热工质，换热工质流动于吸热板内的换热管中。集热器工作时，透过透明盖板的太阳辐射被表面覆盖特殊涂层的吸热板吸收，太阳辐射能在吸热板内转换成热能并传递给换热工质，换热工质温度升高后作为集热器的有用能量输出。高温吸热板会向四周环境中散热，导致集热器的热损失。平板型太阳能集热器的集热温度一般在 50 ~ 70℃，最高可达 90℃。

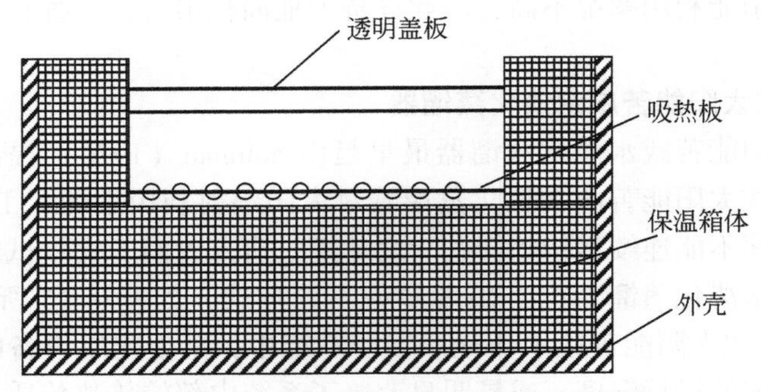

图 3-16　平板型太阳能集热器断面示意图

真空管式太阳能集热器最初是由美国欧文斯（Owens）公司于 20 世纪 70 年代研制的，主要是为了解决平板型太阳能集热器的热损失过大的问题，提高集热器热效率和集热温度（高从堦和阮国岭，2016）。实际中应用的真空管式太阳能集热器通常为若干支集热管的组合，每个支集热管由透明的外管和吸热的内管组成，内外管之间有 10^{-4} ~ 10^{-3}mmHg 的真空，这样吸热的内管几乎不存在热损失。通常条件相同时，真空管式太阳能集热器的热损失只是平板型太阳能集热器的 1/8 左右。真空管式太阳能集热器断面示意图如图 3-17 所示，集热器工作时，穿过玻璃管的太阳辐射被金属吸热板吸收并转换为热能，热能传导到热管蒸发段内的热换工质中，热换工质受热蒸发上升到热管冷凝段内凝结，释放出的冷凝潜热传给集热器内的换热流体，并作为能量输出（何梓年等，2011）。

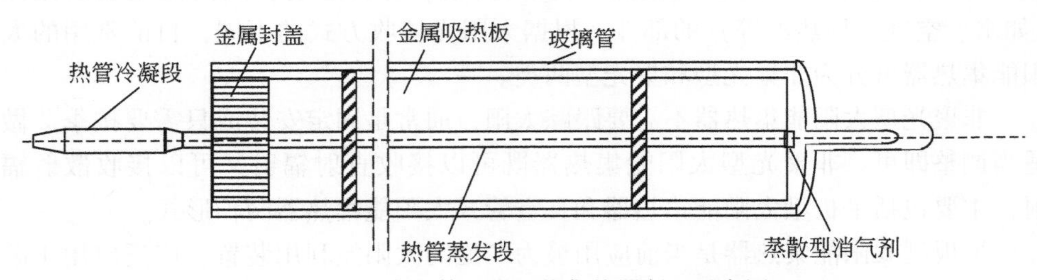

图 3-17　真空管式太阳能集热器断面示意图

通常来说，非聚光型太阳能集热器的集热效率和集热温度都比较低，与苦咸水淡化技术结合时需要集热器面积较大，因此非聚光型太阳能集热器一般应用于小型苦咸水淡化装置，如与被动式太阳能蒸馏器结合，或用于热力压缩蒸馏、膜蒸馏及加湿除湿等装置。

聚光型太阳能集热器由聚光器、跟踪装置和接收器等部分组成，聚光器以反射或折射的方式把到达光孔上的太阳辐射集中到接收器上，接收器内的换热工质把收集到的太阳辐射转换成热能带走。聚光器集热效率高，可以获得很高的集热温度，最高可达3000～4000℃（剑乔力和葛新石，1996），但聚光器只能收集直射辐射，而且需要跟踪系统配合聚光。根据聚光方式的不同，聚光型太阳能集热器可以分为抛物面型、线性菲涅尔型以及塔式太阳能集热器。其中，抛物面型和线性菲涅尔型在工业中的应用比较多。

抛物面型太阳能集热器是目前技术最成熟、应用最为广泛的太阳能集热器。一般按照聚焦形式可以分为点聚焦型太阳能集热器和线聚焦型太阳能集热器两类，点聚焦型太阳能集热器主要有旋转抛物面型太阳能集热器，线聚焦型太阳能集热器主要有旋转抛物面型太阳能集热器和槽型抛物面太阳能集热器，如图3-18所示。点聚焦装置是目前工业生产和科学研究中利用太阳能获取超高温热能的通用方法，旋转抛物面型太阳能集热器是最早应用的太阳能集热器，需要双轴跟踪，采用盘状的旋转抛物面反射镜进行聚光，聚光比可以达到数百倍到数千倍，能产生非常高的温度，最高可达3000℃左右。线聚焦装置是目前大规模太阳能发电系统首选的太阳能聚光装置，槽型抛物面太阳能集热器可以根据需求变换串并联方式，更好地获取所需集热面积，需要单轴跟踪，聚光比介于15～70，可以产生近500℃的高温（郑宏飞，2013）。

(a) 旋转抛物面型太阳能集热器

(b) 槽型抛物面太阳能集热器

图 3-18　抛物面型太阳能集热器

线性菲涅尔型太阳能集热器利用很多以不同倾角排列的平面镜作为反射镜，分别将太阳光反射到线状接收器上，平面镜平行摆放，单轴跟踪。线性菲涅尔型太阳能集热器系统类似于槽式集热器系统，但又可以避免槽式集热器系统的风阻大、易产生风力破坏和变形扭曲的问题，利用平面镜代替了槽式抛物面反射镜，降低了装置的成本，减弱了风阻的影响，运行更稳定。

聚光型太阳能集热器集热效率高，产生的温度非常高，因此在苦咸水淡化利用方面，其主要用于多级闪蒸和低温多效等传统过程，可以满足高温蒸汽以及高能耗的需求。

B. 附加太阳能集热器

以平板型太阳能集热器结合传统的单效盘式太阳能蒸馏器的思想是由 Rai 和 Tiwari（1983）提出的，他们通过试验研究发现，加装平板型太阳能集热器后，由于集热器具有很高的集热效率，蒸馏器的运行温度大幅度提高，从而在很大程度上提高了单位采光面积的产水量。附加太阳能集热器的太阳能蒸馏器结构示意图如图 3-19 所示。

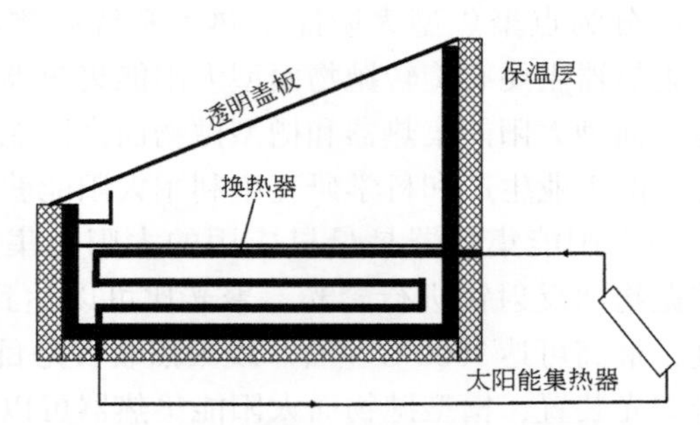

图 3-19　附加太阳能集热器的太阳能蒸馏器结构示意图

加入集热器的蒸馏系统中，蒸馏器部分主要用于苦咸水蒸发以及水蒸气冷凝，同时也可以接收部分太阳辐射能，加热底部水槽的苦咸水。平板型太阳能集热器主要起到收集和存储太阳能的作用，由于它的效率很高，因而可以将水槽中的苦咸水加热至较高的温度。集热器中收集到的太阳能通过安装在蒸馏器内部的盘管换热器输入蒸馏器中，使苦咸水升温，从而达到蒸馏的效果。

Badran 等（2005）对盘式太阳能蒸馏器附加主动加热的平板型太阳能集热器的系统进行了实验研究，他们采用浓盐水作为原料水，在集热器 24h 连续工作的条件下，系统产水量提高了 52%。这是因为平板型太阳能集热器的主动加热，使蒸馏器的运行温度得到了很大提高。但值得注意的是，上述研究中的系统总效率下降了 6%，这也反映出太阳能集热器的辅助加热并不一定会提高装置的总效率，只有合理使用配备集热面积，系统的总效率才能提高。

此外，为了充分利用太阳辐射最强时段的辐射能量，同时也为了有效利用夜间的低温环境持续产出淡水，可以在平板型太阳能集热器与单效盘式太阳能蒸馏器之间增加储热水箱系统。这样可以延长蒸馏器的高温运行时间，在夜间低温时也不间断有淡水产出（Varol and Yazar，1996；Voropoulos et al.，2003）。

C. 外带主动外凝结器

传统被动式太阳能蒸馏器中，水蒸气的上升及在盖板上的冷凝过程均为自然对流的过程，传热传质效果差，限制了装置的性能改进。

为了加强水蒸气的蒸发和凝结过程，Abu-Qudais 等（1996）设计了一种外带主动外凝结器的太阳能蒸馏器，如图 3-20 所示。在此装置系统中，苦咸水在蒸馏器内吸收热能并蒸发，但产生的水蒸气不完全凝结于顶部盖板上，而是一部分被外带的冷凝器的电动风机抽取并送入冷凝器中，并在冷凝盘管上受冷凝结成液态水，由此可以使蒸馏器内处于负压状态，加强传质过程，更有利于水的蒸发。

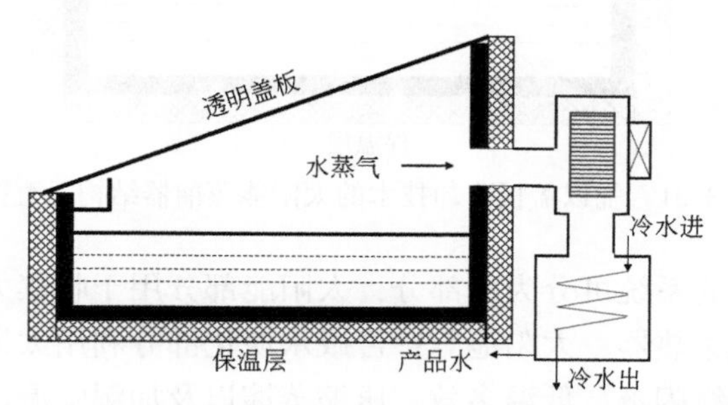

图 3-20　外带主动外凝结器的太阳能蒸馏器结构示意图

在该装置系统中，水蒸气可以部分或完全进入外凝结器冷凝，外凝结器凝结水量占总凝结水量的比例用 ξ 表示，ξ 值发生变化，系统的总效率也会发生变化。当 $\xi=1.0$ 时，一般天气条件下，系统总效率都能达到37%以上，在晴好天气条件下甚至可达45%～47%。由此可见，加入主动外凝结器后，系统产水总效率明显提高。但同时需要注意，外带主动外凝结器会额外消耗电能，增加系统的总能耗，装置成本也有所增加，因此还需充分考虑装置整体的经济性。

D. 辅以盖板冷却技术

由于太阳能蒸馏器运行温度随着环境温度发生变化，当外界环境温度最高时，蒸馏器内的运行温度也最高，这就导致了水槽与盖板之间的温差减小。为了解决这一问题，Singh 和 Tiwari（1993）为太阳能蒸馏器盖板设置了主动冷却系统，在原有盖板上面增加了一层盖板，并在两层盖板之间通入冷却水，以对盖板进行冷却，如图 3-21 所示。研究结果表明，增加盖板冷却装置，不但能增加装置产水量，还可以在很大程度上提高装置总效率，增幅可达45%～52%。

此外，为加大水槽与盖板之间的温差，还可以通过改变水槽底部衬里的材料物性，充分利用夜间太空辐射冷能，以此来增加蒸馏器内传热传质驱动力，提高系统产水量和装置总效率。

2. 间接法太阳能苦咸水淡化

间接法太阳能苦咸水淡化技术是太阳能集热器技术与传统淡化技术相结合的

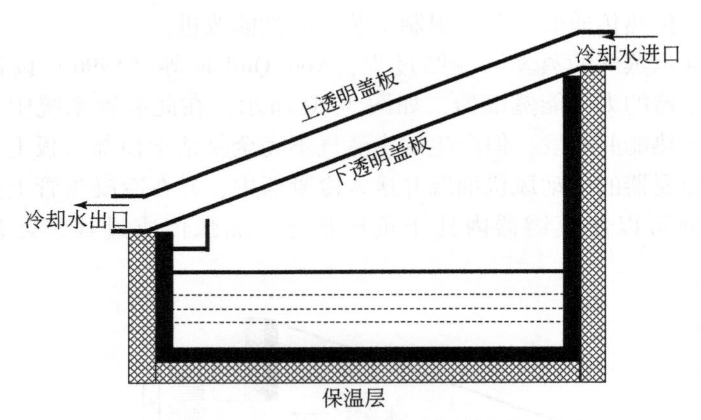

图 3-21　辅以盖板冷却技术的太阳能蒸馏器结构示意图

技术，采用该技术的系统可分为两部分，太阳能部分用于收集太阳能并将其转换成热能，如太阳能集热器、太阳池等；苦咸水淡化部分利用太阳能部分产生的热能生产淡水，如多级闪蒸、低温多效、压缩蒸馏以及加湿除湿法等。

1）太阳能多级闪蒸法及低温多效蒸馏法

传统的多级闪蒸和低温多效蒸馏苦咸水淡化系统主要是以热能为能量消耗，那么应用太阳能供热系统取代工业加热器为低温多效蒸馏装置提供热量也是可行的。典型的太阳能多级闪蒸苦咸水淡化流程如图 3-22 所示（Kalogirou，2005），相比于传统多级闪蒸淡化系统，太阳能多级闪蒸淡化只是集热器部分的能量来源发生了变化，整个装置系统的运行原理保持不变。与多级闪蒸和低温多效相结合的太阳能集热器主要是聚光型太阳能集热器，其提供的能量温度相对较高。相对于多级闪蒸来说，低温多效蒸馏苦咸水淡化技术需要更低的能量消耗和设备成本，因此太阳能集热器与低温多效蒸馏苦咸水淡化结合的经济性要优于多级闪蒸。

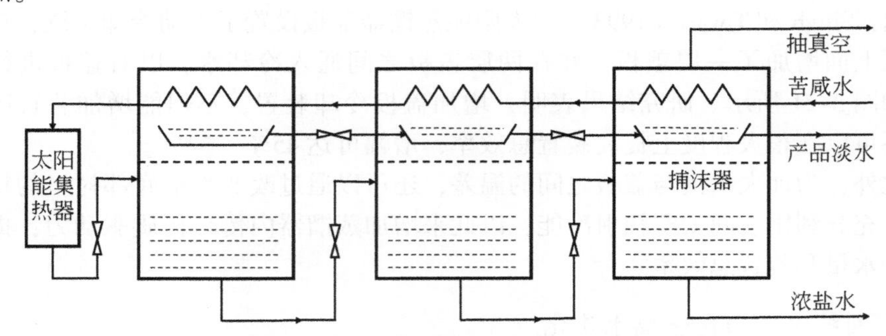

图 3-22　太阳能多级闪蒸苦咸水淡化流程示意图

2）太阳能压缩蒸馏法

常见的太阳能压缩蒸馏苦咸水淡化流程示意图如图 3-23 所示（Kalogirou，2005），太阳能为压缩蒸馏过程提供初级能源，维持装置较高的运行温度，可以提高压缩机的效率，同时可以回收浓盐水的显热和水蒸气的冷凝潜热。由于压缩蒸馏过程主要消耗高品位能源，将压缩装置与多级闪蒸或多效蒸馏淡化技术相结合是最佳选择。在热力压缩–多级闪蒸淡化系统中，压缩装置压缩二次蒸汽，提高二次蒸汽的加热能力，原料苦咸水温度有所提高，可以最大限度地提高系统的热效率。太阳能不足时，可由压缩装置满足全部能量需求。

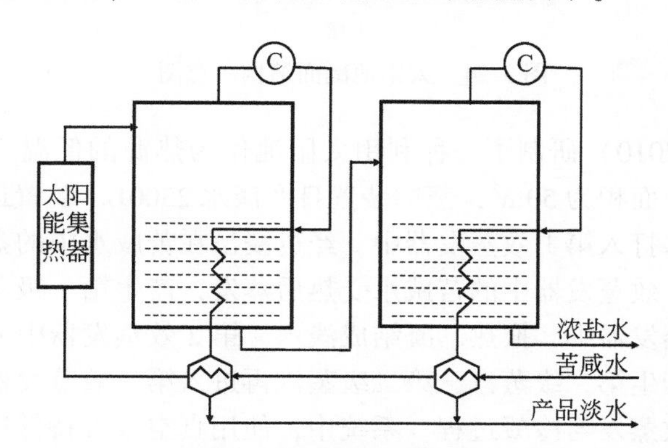

图 3-23　太阳能压缩蒸馏苦咸水淡化流程示意图

3）太阳池辅助多效蒸馏法

太阳池又称盐度梯度太阳池，是利用具有一定盐浓度梯度的池水作为集热器和蓄热器的太阳能热利用系统。太阳池通常由三个区组成，最上层是含盐量少且很薄的对流区，中间层是无对流盐度梯度区，最下层是含盐浓度高却均匀一致的储热区，如图 3-24 所示。太阳池的工作原理如下：当太阳辐射照射到太阳池的最上层时，会透过水向深处传播，其中一部分辐射能量被沿途的中间层盐水吸收，理论上受热的水会因密度较小而上升，而太阳池中的盐水浓度随着深度而增大，水池中的自然对流被抑制，并因此将太阳辐射能储存起来。太阳池结构简单、价格低廉、热容量大，能提供 90℃以上的热能，适合大规模应用，可以作为太阳能集热器和蓄热器使用。

在太阳能资源丰富的地区，往往淡水缺乏，可以应用太阳池作为苦咸水淡化装置的热源。大部分商业化应用的多级闪蒸装置最高运行温度为 90～110℃，低温多效淡化的最高温度仅为 70℃，相比之下，太阳池的运行温度可以达到 113℃（Hull et al.，1988），因此将太阳池作为蒸馏法苦咸水淡化装置的热源完全可行。

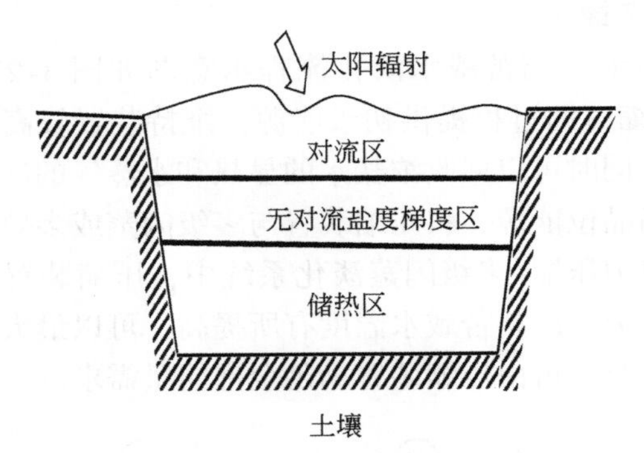

图 3-24　太阳池剖面结构示意图

Leblanc 等（2010）研制了一种利用太阳池作为热源的低温三效蒸馏淡化装置，试验用太阳池面积为 50m²，蒸馏装置日产淡水 2300L。装置运行时，先将太阳池中的高温盐水打入第 1 效蒸发器中，经过浸没在苦咸水中的盘管放热，再返回太阳池中。第 1 效蒸发器中的苦咸水受热后蒸发，产生第一级蒸汽，蒸汽通过管道进入第 2 效蒸发器中，换热、凝结成淡水。第 2 效蒸发器中的苦咸水接收蒸汽潜热而蒸发，产生第二级蒸汽，第二级蒸汽再进入第三效蒸发器中，重复上述步骤，进行第 3 效蒸发与冷凝过程。系统中，使用真空泵维持低压状态，同时设置各效苦咸水及淡水余热回收装置，各效蒸发器中产生的淡水汇集于淡水槽中成为产品淡水。

太阳池储热时间长，提供低温热量大，基本能够保障低温多效苦咸水淡化装置的稳定运行，蒸馏淡化装置的浓盐水可以作为太阳池的盐水来源，有效避免了浓盐水排放对环境的污染。但太阳池占地面积大、建造和维修成本高、对太阳光辐射强度要求高等问题还需要进一步研究解决。

4）加湿除湿型太阳能苦咸水淡化

加湿除湿型太阳能苦咸水淡化系统由传统太阳能蒸馏器发展而来，通过强化流动和传热提高产水量。按照太阳能集热系统供热方式的不同，加湿除湿型太阳能苦咸水淡化系统可分为热水型、热空气型及热水-热空气混合型三类。热水型加湿除湿系统是将太阳能热量用于加热苦咸水，转化成显热存储于苦咸水中，再利用显热使苦咸水汽化并实现空气增湿。热空气型加湿除湿系统是通过空气在系统管道内的流动来转移热量，实现水蒸气蒸发和冷凝。热水-热空气混合型是将热水型及热空气型两者结合起来。

典型的加湿除湿型太阳能苦咸水淡化系统包括太阳能集热器、加湿器、冷凝器和循环风机系统四部分，如图 3-25 所示（高从堦和阮国岭，2016）。系统运行过程中，通过引入流动的空气作为水蒸气的载体，分隔蒸发室与冷凝室并单独调节各室温度，载气在蒸发室内被盐水增湿，携带一定量的水蒸气进入冷凝室去湿、冷凝得到淡水，冷凝潜热可用于加热原料苦咸水。

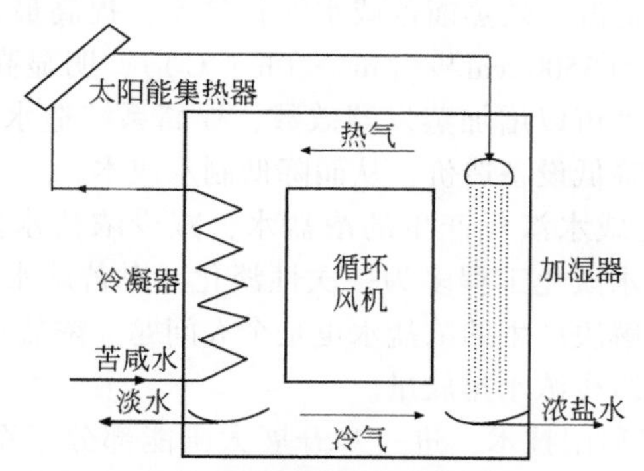

图 3-25　加湿除湿型太阳能苦咸水淡化系统示意图

加湿除湿型太阳能苦咸水淡化技术不同于传统的蒸馏法淡化技术，其特点有：①装置规模灵活，设备投资与操作成本小，操作简单；②操作压力多为常压，操作温度在70～90℃，便于利用低品位热源；③汽化过程在气液界面而非传热界面进行，设备不易结垢，原料水预处理要求低；④汽化过程不易形成强烈的气液夹带，产品水水质高。

3.1.7　蒸馏法苦咸水淡化发展展望

苦咸水淡化不但可以给人类提供安全健康的饮用淡水，还可以形成新的经济增长点，促进相关产业和社会经济的发展。蒸馏法苦咸水淡化既是一项脱盐技术，又是一个完整的产业链，可以带动蒸馏相关技术研究、设备制造、工程设计、生产管理、原料生产与销售、市场咨询及浓盐水综合利用等众多产业的发展。但目前我国的蒸馏法苦咸水淡化技术尚处于起步阶段，主要是借鉴成熟的海水淡化相关技术，针对苦咸水特点，进行技术改进，形成适用于苦咸水淡化的蒸馏技术。

与其他国家相比，我国蒸馏法苦咸水淡化技术及工程建设基本没有优势，所以必须加大资金投入，大力推进苦咸水淡化研究水平、工艺系统设计、关键设备制造，并提升工程规模以及扩大原材料生产与应用。未来需要加强以下几方面的研究。

（1）坚持蒸馏法苦咸水淡化技术的自主创新，完善蒸馏法苦咸水淡化技术平台建设，努力实现相关材料与设备自主化研制，形成产业化基地。对于工程实践中的经验缺乏，可以借鉴国外比较成功的大型蒸馏法苦咸水淡化工程实例，再进行消化吸收，形成自主产权。

（2）加强现有技术的集成，加强与材料行业的合作，降低淡化制水成本，提高制水效率。对于低温多效蒸馏苦咸水淡化技术，提高最大操作温度至90℃，可以使传热系数增加到3500kcal①/［m^2·（h·℃）］，明显高于常规多效蒸馏传热系数。提高操作温度可以增加蒸发器效数，提高系统造水比，增加淡水产量。加强传热材料研发，降低设备造价，从而降低制水成本。

（3）充分利用苦咸水淡化产生的浓盐水，减少浓盐水向环境的直接排放。目前国内蒸馏法苦咸水淡化工程多为一次性淡化，对苦咸水只利用一次即排放，利用率低，同时如何解决产生的浓盐水也是个大问题。浓盐水可用于池塘鱼虾养殖，或与膜法组合，减少浓水排放量。

（4）结合太阳能利用技术，进一步开展太阳能部分子系统与苦咸水淡化部分子系统的耦合技术研究，提高太阳能利用率，降低成本。我国西部地区太阳能和风能资源丰富，可以因地制宜，开展传统蒸馏法和太阳能、风能相结合的苦咸水淡化工程研究。未来大规模苦咸水淡化技术的应用，主要在于太阳能集热发电系统与多效蒸馏淡化技术及膜法反渗透技术的整体耦合，以此来提高太阳能利用效率，降低苦咸水淡化制水成本。

3.2　电渗析法苦咸水淡化

电渗析是基于阴、阳离子交换膜对水中阴、阳离子的选择透过性，在直流电场驱动下实现离子的脱除，是苦咸水淡化的重要手段之一。因其独特的可调节电迁移脱盐性能，使电渗析成为了一项中低浓度苦咸水淡化的关键技术。在我国，电渗析苦咸水淡化已成功应用数十年，相关膜材料和设备已实现全国产化。在处理含盐量4000mg/L以下苦咸水时，电渗析具有较好的经济性。电渗析脱盐率一般为50%～90%，水利用率则在50%～85%。电渗析设备投资较为节省，且对进水条件要求相对宽松，规模可大可小，机动性较强，因此使用上也较为便捷、可靠。

3.2.1　电渗析脱盐过程基本原理

电渗析是一种典型的电驱动膜过程，其核心部件是由阴、阳电极，阴、阳离子交换膜和水流隔板组成的膜堆。结构上，膜堆中靠近电极的两个隔室为阳

---

① 1kcal=4187J。

极室和阴极室，电极间的阳离子交换膜和阴离子交换膜按一定规则摆放，从阳极到阴极对应地形成浓缩室和淡化室。典型的电渗析隔室内包含一个塑料的网状材料（隔板网），其作用是确保相邻阴、阳离子交换膜的分隔状态，并为溶液流动提供通道。

电渗析脱盐过程基本原理如图 3-26 所示，在外加直流电场作用下，经在电极–极液界面处的电化学反应完成导电方式的转换（电子导电转变为离子导电），进而溶液中的带电离子朝向相反电荷的电极定向迁移：淡化室中的阳离子可选择性地透过阳离子交换膜（C）向阴极迁移至其右侧的浓缩室，但被阴离子交换膜截留下来；相似地，阴离子则选择性地透过阴离子交换膜（A）向阳极迁移至其左侧的浓缩室，但被阳离子交换膜截留下来。理论上，溶液中的所有离子均可从淡化室迁移至浓缩室，并在浓缩室中累积。膜堆的重复单元由一张阴离子交换膜、一张阳离子交换膜和各一个浓缩室和淡化室组成一个膜对，多个膜对重复叠加即形成膜堆，多条流经浓缩室和淡化室的液流分别汇入浓缩水槽和淡化水槽，最终完成脱盐过程。实验规模的电渗析膜堆中，所含膜对数从几对到几十对不等。工业中附带液压装置的电渗析膜堆侧面图如图 3-27 所示，膜堆所含膜对数通常在 100 以上，电渗析器的单膜有效面积（可用于离子迁移的部分）一般不低于 0.25m^2。

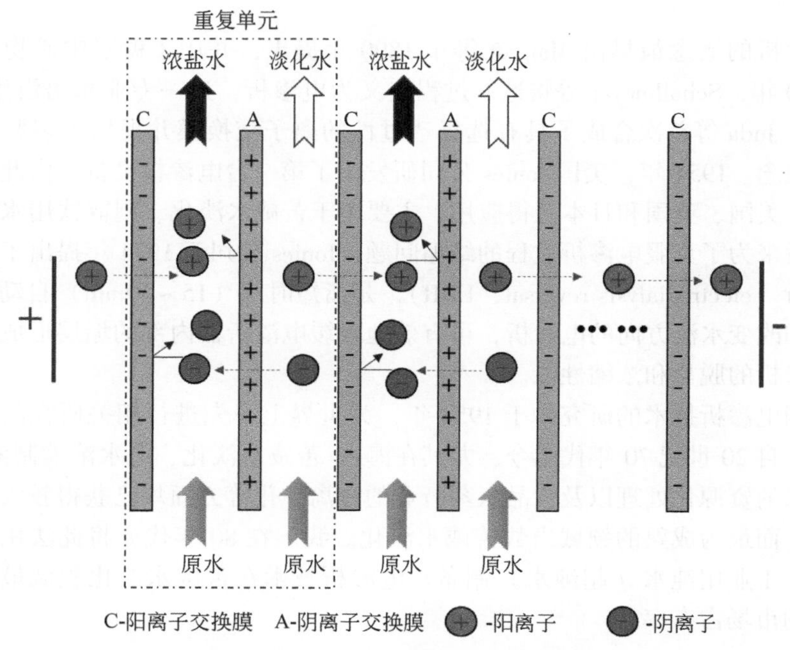

图 3-26 电渗析脱盐过程基本原理示意图

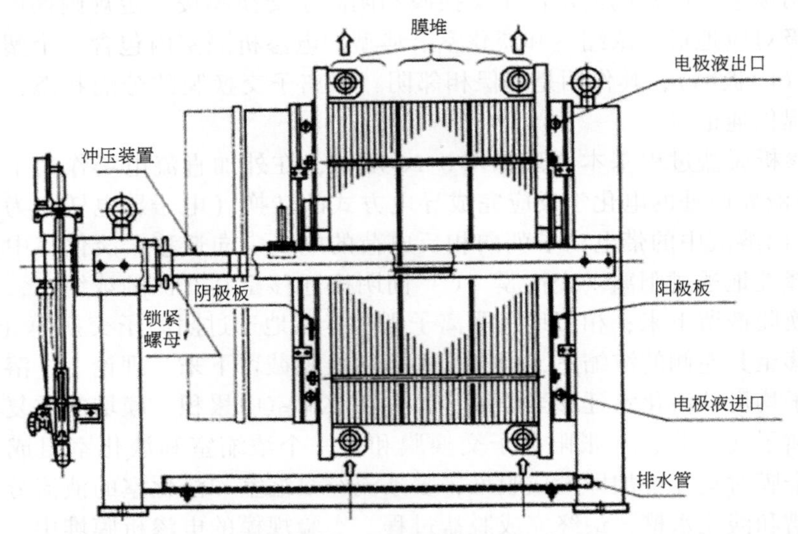

图 3-27 工业中附带液压装置的电渗析膜堆侧面图（Cappelle and Davis，2016）

3.2.2 电渗析技术发展概述

电渗析的概念最早由 Maigrot 等于 1890 年提出，并用于糖浆中矿物质的去除。1900 年，Schollmeyer 等将这一过程定义为电渗析，这一专业术语沿用至今。1950 年，Juda 等首次合成了具有选择透过性的离子交换膜并提出了多腔室电渗析技术概念。1954 年，美国 Ionics 公司研发出了第一台电渗析设备。由此，电渗析陆续在美国、英国和日本获得应用，主要用于苦咸水淡化、制取饮用水和工业用水。后来为了克服电渗析过程的结垢问题，Ionics 公司于 1974 年提出了频繁倒极电渗析（electrodialysis reversal，EDR），是指短时间（15～30min）自动转换电极极性和改变水流方向的电渗析，可有效地减缓电渗析器内部的垢层形成，显著提升电渗析的脱盐和浓缩性能。

我国电渗析技术的研究始于 1958 年，为世界上率先进行相关研究的几个国家之一。自 20 世纪 70 年代至今，尤其在海水/苦咸水淡化、海水浓缩制液体盐、含盐废水的资源化处理以及食品医药行业的分离纯化等方面均已获得较大规模工业应用，而最为成熟的领域当数苦咸水淡化。我国在 80 年代亦将此法用于苦咸水淡化、工业用纯水（超纯水）制备。电渗析技术在苦咸水淡化领域最先实现了较大的市场占有率。

3.2.3 离子交换膜种类、特点及性能表征

早期的离子交换膜多为异相膜，是由粉状的离子交换树脂与高分子黏合剂制备而成的一种致密的、无孔的、含有阴离子/阳离子固定基团的荷电膜，主要由高分子骨架、固定基团和基团上的可移动离子组成。离子交换膜的功能主要取决于膜上固定基团的种类和所带电荷的电性以及它们在膜中的分布，根据膜的功能可以将离子交换膜分为阳离子交换膜、阴离子交换膜、双极膜、两性离子交换膜和镶嵌型离子交换膜。

（1）阳离子交换膜（简称阳膜）。膜体中含有位置固定、不可移动的荷负电阳离子交换基团，可以选择透过阳离子而阻挡阴离子。主要的阳离子交换基团包括磺酸基、磷酸基、羧酸基、酚羟基等，以及具有较复杂结构的基团，如单硫酸酯基、单磷酸酯基、全氟叔醇基和磺胺基等。

（2）阴离子交换膜（简称阴膜）。膜体中含有荷正电阴离子交换基团，可以选择透过阴离子而阻挡阳离子。主要的阴离子交换基团包括伯氨基、仲氨基、叔氨基和季氨基、季鏻基等。近年来新兴的阴离子交换膜基团包括胍基和咪唑基等，其分子结构如图3-28所示。

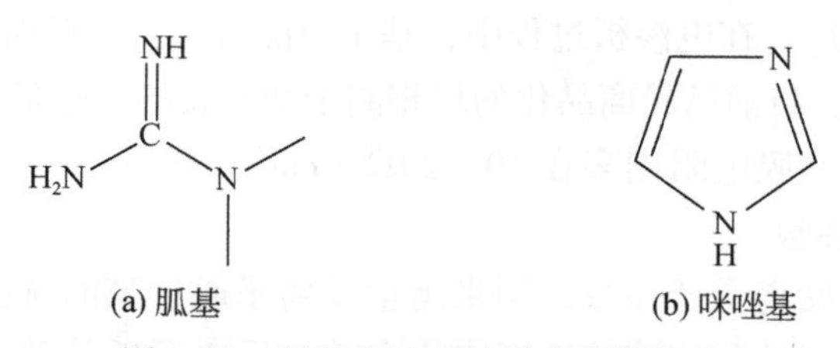

图3-28　胍基和咪唑基的分子结构式

（3）双极膜。双极膜是一种由阴离子交换膜层和阳离子交换膜层及中间层复合而成的新型离子交换膜。当给双极膜反向施加电压时，带电离子就会分别从两种离子交换层向两边的主体溶液发生迁移，阴、阳膜的界面层因离子耗竭而形成高电势梯度（$10^{8\sim9}$ V/m），使得水分子发生解离，生成 H^+ 和 OH^-，在阴、阳两极电势差的驱动下，H^+ 和 OH^- 分别向膜两侧的主体溶液迁移，进入不同的隔室，同时消耗的水又通过膜外溶液向中间层渗透得以补充。与常规水解离相比，双极膜水解离的突出优点是在电渗析过程中生成 H^+ 和 OH^-，而不产生副产品 H_2 和 O_2，显著降低能耗，从而使电渗析的应用范围得到较大拓展。

（4）两性离子交换膜。两性离子交换膜指的是同时含有阴、阳离子交换基团的离子膜。不同于双极膜，两性离子交换膜上阴离子和阳离子可以任意

透过。

(5) 镶嵌型离子交换膜。镶嵌型离子交换膜指的是阳离子交换基团和阴离子交换基团按照一定的规律分布在膜断面上，即膜断面上“镶嵌”有阴离子交换基团区域和阳离子交换基团区域，同时，荷电区域是依靠绝缘体来分隔的。

不同于其他聚合物薄膜，离子交换膜上由于含有固定的荷电基团，在根本上决定了离子交换膜会具有一些特殊性能。由于膜的应用领域不同，用来评估膜的性能参数也有所不同。当离子交换膜用于电渗析过程时，主要的膜性能指标包括离子交换容量、含水率、溶胀度、膜电阻、反离子迁移数、化学稳定性、抗氧化性、热稳定性和机械强度等。事实上，离子交换膜的这些性能都会直接或间接地受到其本身所带的离子交换基团浓度的影响，其中，膜电阻和反离子迁移数对于衡量离子交换膜的综合性能尤为重要。

1）膜电阻

离子交换膜的电阻通常以单位面积所具有的电阻，即面电阻（$\Omega \cdot cm^2$）来表征。由于膜电阻的大小会受到测量过程中所使用的电解质溶液和测量温度的影响，膜电阻通常在与所使用的电渗析过程相同的电解质溶液和相同的实验条件下进行测量。目前常用的膜电阻测量过程包括交流法（Cappelle and Davis，2016）和直流法（Gurreri et al.，2017）。在电渗析过程中，基于节能考虑，一般面电阻较低的离子交换膜相对更有优势，目前已经商品化的均相离子交换膜的膜电阻为多 $2 \sim 6\Omega \cdot cm^2$，而异相离子交换膜的膜电阻则多在 $10 \sim 20\Omega \cdot cm^2$。

2）反离子迁移数

离子交换膜的反离子迁移数是用来衡量反离子通过膜的选择透过性的。它与膜中固定基团浓度和外部溶液的浓度之比有关。反离子迁移数包括静态迁移数和动态迁移数。一般情况下，可以通过膜电势来计算静态迁移数，通过电渗析法（Hittorf 法或电流效率法）测定动态迁移数。已有研究表明，在相同条件下，同一种膜的静态迁移数可能会低于其动态迁移数，这是由于根据膜电势所计算的静态迁移数忽略了水的跨膜迁移，在采用膜电势计算静态迁移数时，必须补充水的跨膜迁移过程进行校正。

3）离子交换容量

离子交换容量是衡量离子交换膜内活性基团浓度的大小和它与反离子交换能力高低的一项重要指标。离子交换容量通常表达为每克膜中所包含的离子交换基团的毫克当量数（meq/g 干膜）。测定离子交换容量的方法较多，基本都是首先将膜与其他离子交换后，辅以合适的指示剂，然后通过滴定或反滴定的方法测定膜中特定的反离子的数量，进而获得该离子交换膜的离子交换容量。例如，测定阳离子交换膜的离子交换容量时，首先将其转化为氢型，然后用0.1mol/L的NaOH溶液进行反滴定；测定阴离子交换膜的离子交换容量时，首先将其转化为氯型，然后用0.1mol/L的$AgNO_3$溶液进行滴定。

4）含水率和溶胀度

离子交换膜的含水率指的是膜内与活性基结合的内在水，通常以每克干膜中的含水量（%）表示。测定方法比较简单，切去一定大小的膜试样10～20张，与所测定的溶液充分平衡后，擦去膜表面附着的水，称量湿重m_{wet}，然后烘干至恒重m_{dry}，采用下面的公式计算含水率：

$$含水率(\%)=\frac{m_{wet}-m_{dry}}{m_{dry}}\times 100\%$$

已有研究表明，离子交换膜的含水率对于膜的性能也有重要影响。因为水也可以作为离子运输的通道，因此，一定范围内，膜的含水率增大有利于离子交换容量的增大和膜电阻的降低，但是，过高的含水率又会严重影响膜的机械性能。目前商品化的离子交换膜的含水率一般控制在25%～30%。

由于离子交换基团的存在，离子交换膜在溶剂的作用下会发生溶胀现象，尤其在水中，溶胀现象更明显。一般情况下，膜的溶胀度取决于膜的离子交换容量、离子基团的种类、膜的交联度等，如膜的溶胀度会随着离子交换容量的增大和膜的交联度的降低而增大。因此，在电渗析过程中必须要充分考虑膜的溶胀问题。离子交换膜的溶胀度测试方法类似于含水率的测试，一般先将膜在溶液中浸泡，采用其面积或体积的变化率来计算膜的溶胀度。

5）化学稳定性

离子交换膜的化学稳定性主要指膜的耐酸碱性能、耐有机溶剂性能等。良好的离子交换膜在pH为1～14时均可较长时间稳定使用，但一般而言，阴离子交换膜的功能基团如果是季胺基时，在强碱性介质中，阴膜会发生叔胺化降解，膜的交换容量、离子选择性等性能都会有所下降。与之相比，阳膜普遍具有较好的耐酸碱性能。离子交换膜有时也会用于处理一些非水体系的有机溶液，此时需要膜具有较好的耐有机溶剂性能，即不会因所处理对象而发生破坏性的溶解、损坏，在具有较强溶解性能的有机溶剂中也可稳定工作。

6）抗氧化性

离子交换膜的抗氧化性主要是指膜能够耐受一定强度的氧化性化学药剂或紫外线辐射，基本保持其化学结构的稳定。这在将电渗析与高级氧化等技术手段联用于废水处理等场合中具有重要意义。

7）热稳定性

一般而言，各种高分子膜都难以耐受较高的运行温度，这主要与膜的高分子结构有关，典型的使用和储存温度都在35℃以下。当环境温度过高时，膜的高分子结构可能会不稳定，对于阳离子交换膜而言，其固定基团磺酸基可能还会发生一定的解离，即从高分子链上脱落，从而使得膜的交换容量等性能指标相应下降。

8）机械性能

离子交换膜的机械性能主要指膜的爆破强度、抗拉伸强度和抗形变性能等。爆破强度指膜能够承受的与膜垂直方向的，不会导致破损的最高压力或可以导致破损的最低压力。爆破强度以单位面积上所受压力表示，单位为MPa，一般采用水压爆破法测定。抗拉伸强度则是指膜受到与其平行方向的拉力时，在无破损条件下单位截面积所能耐受的最高拉力，单位与爆破强度的单位相同。抗形变性能也称尺寸稳定性。由于离子交换膜一般是在干态下储存，使用时则为湿态，其由干态到湿态的转换过程中会发生一定程度的膨胀、拉伸，阳离子交换膜由于含有大量高度亲水的磺酸基团，其膨胀一般比阴离子交换膜更为明显。另外，当膜先后处于不同盐浓度的溶液中时，盐浓度相差越大，其尺寸变化也越明显。与膜相接触的溶液盐浓度越低，膜的膨胀越大。实际应用中，离子交换膜应当具有尽量小的膨胀和收缩，尺寸需要尽量稳定，否则将会给膜堆组装、水流和电流的泄漏等方面带来不利影响。尺寸稳定性良好的离子交换膜的形变量应控制不超过2%。

3.2.4 电渗析器关键构件及膜堆构造

电渗析器是由阴、阳离子交换膜，浓、淡水流隔板以及电极板等按一定规则排列，并用压紧装置夹紧的除盐或浓缩设备。结构上，电渗析器主要由膜堆和辅助设备构成。其核心部件膜堆包括压紧板，电极板框，阴、阳电极，阴、阳离子交换膜，水流隔板，密封圈等关键构件。将上述部件按照电渗析的工作原理以特定排列方式组装并压紧，便可组成一定形式的膜堆。

膜堆是电渗析的核心部件。如图3-29所示，若干个膜对重复叠加即为膜堆。电极两侧各放置一张极膜（有时也用阳离子交换膜代替），由此组成了交替排列的淡化室和浓缩室，相邻两膜片间用一定厚度的硅胶垫片隔网予以密封。

电渗析器的关键构件如下：

1）压紧装置

压紧装置（press installation）是将电极板与膜堆主体夹为一体的机械装置，按照膜堆电渗析器的规模可选用螺杆式或液压式等。

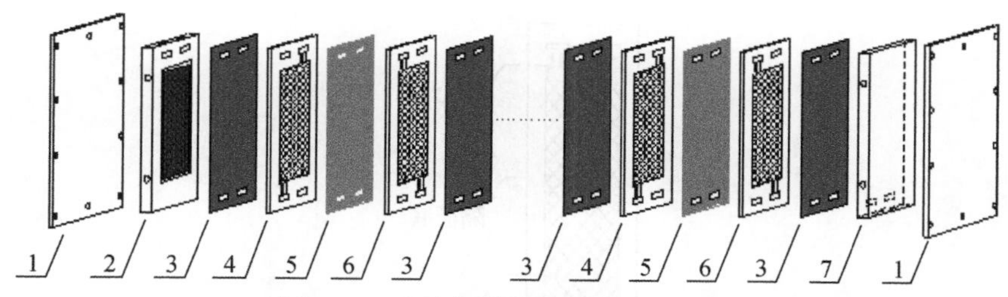

图 3-29 电渗析膜堆基本构造示意图

1-压紧板；2-阳极板；3-阳离子交换膜；4-浓缩室隔板；5-阴离子交换膜；6-淡化室隔板；7-阴极板

2）电极板

电极板（electrode plate）分为阳极板和阴极板。将阳极、阴极分别与直流稳压电源的正极、负极连接后，阴、阳极板和溶液的界面处则分别发生还原、氧化反应，进而在两电极之间的膜堆中形成了直流电场，促使离子进行定向迁移。本质上，电极板起到电子运动导电（外电路）和离子运动导电（电解质溶液）的衔接作用，电极反应是电渗析过程最直接的驱动力。基于 H^+ 和 OH^- 的电极电位优势，两极板附近能够发生如下主要反应：阳极板附近发生水的氧化反应而产生 H^+ 和 O_2；阴极板附近发生水的还原反应而产生 OH^- 和 H_2，具体如式（3-6）和式（3-7）所示。

阳极侧电极反应：

$$H_2O-2e^- \rightarrow 2H^+ + \frac{1}{2}O_2 \uparrow \tag{3-6}$$

阴极侧电极反应：

$$2H_2O+2e^- \rightarrow H_2 \uparrow + OH^- \tag{3-7}$$

此外，电极板形状和电极室结构亦对电渗析的脱盐效率和使用寿命有影响。常用的电极板形状有板状、网状、槽状等。

3）水流隔板

水流隔板（spacer）是形成电渗析器浓、淡隔室的框架，由隔板框和隔板网组成。其作用是将阴、阳离子交换膜隔开，是浓、淡水流的通道。其中，隔板框（spacer gasket）主要用于浓、淡水流的密封和阴、阳离子交换膜非有效部分的绝缘；隔板网（spacer screen）则用于强化隔室内水流湍流效果和阴、阳离子交换膜有效部分的分隔，故而亦称为湍流促进器。水流隔板上通常设有形式各样的配集水孔和布水槽。配集水孔用来分配膜堆进水及汇集浓、淡出水；布水槽为水流隔板的配集水孔与浓、淡水流道之间的传输通道，可促进分隔室内部水流的均匀分布（图 3-30）。

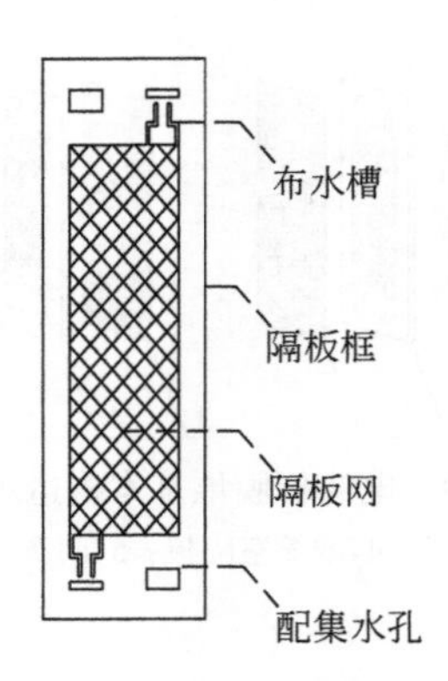

图 3-30 小型水流隔板基本构型示意图

水流隔板的材质一般包括聚氯乙烯、聚丙烯等非导电材料。常用的隔网形式有鱼鳞网、编织网、冲膜式网等。隔板流道分为有回路式和无回路式两种，有回路隔板中一般设有隔条以改变料液的流动方向，实现隔室内料液的迂回流动，无回路隔板中的水流方向则不发生改变。

隔板网的形态种类众多，许多学者在此方面都进行了深入研究。在电渗析隔室的流体力学方面，隔板网能够有效地减小浓度扩散层的厚度，对削弱浓差极化现象具有重要作用。虽然隔板网在一定程度上增加了隔室内部的压力损失和机械能损失，但其显著强化了内部液流的混合均匀程度。隔板网的形态由诸多条网丝按照一定的形式组合而成。根据网丝的形状/排列、交叉的角度/数量以及网丝的间距/尺寸等形成不同的几何图形。隔板网的放置方式主要分为三种类型：重叠式、编织式和多层式。特别是编织式隔板网，因其良好的传质促进效果可有效减小膜对电阻而被广泛用于电渗析器中。图 3-31 为一些电渗析工程应用中普遍使用的隔板网类型。

布水槽样式上，主要有单通道式和多通道式。单通道式布水槽宽度较大，容易引起布水槽处的离子交换膜塌陷，进而造成浓缩水和脱盐水的串流、过程能耗的增加。因而这种形式的布水槽中通常需装填一定厚度的网状支撑材料，以避免隔室入口处离子交换膜变形带来的浓、淡水串流。多通道式布水槽是在单通道式布水槽中增加一定形状和数量的隔板条，以增强布水槽处离子交换膜的支撑度，在有效减小离子交换膜塌陷现象的同时，还增强了隔室中流体的速度分布、湍动强度和涡量，进而提高了电渗析过程中的传质效率。即便多通道式布水槽在一定程度上显著减小了浓、淡室间的水流串漏现象，但仍未从根本上予以避免。带导向孔的暗道式隔板能够彻底解决此类问题，虽然加工过程相对烦琐，但其节能效果明显。

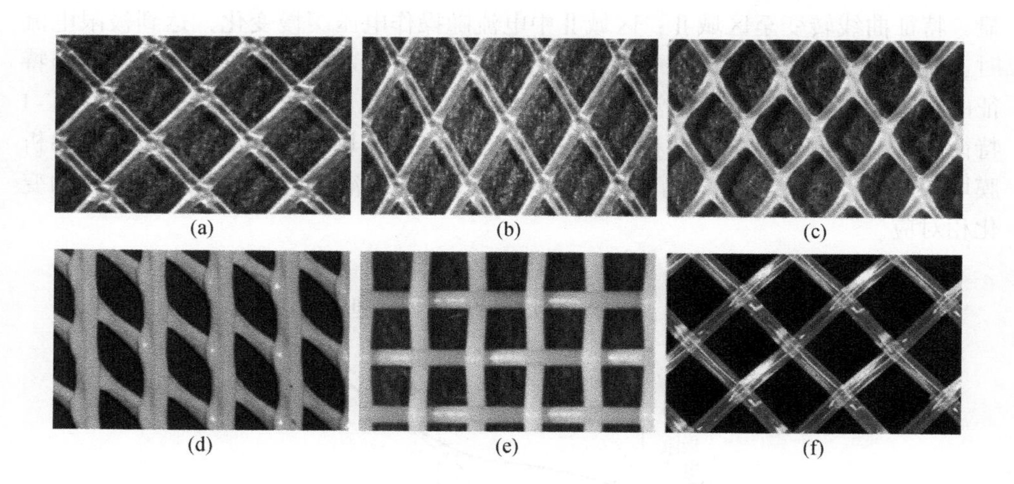

图3-31　不同种类的隔板网（Gurreri et al.，2017）

（a）网丝90°交叉重叠式隔网；（b）网丝60°/120°交叉重叠式隔网；（c）网丝60°/120°挤压重叠式隔网；（d）火焰形网丝挤压式隔网；（e）网丝90°交叉编织式隔网；（f）网丝90°交叉编织式隔网，但比（e）粗糙些

3.2.5　电渗析过程特征曲线

在电渗析过程中，电渗析过程的运行工艺可以用特征曲线来进行表征，这对电渗析合理控制电压、电流等工艺参数，保证运行的安全、稳定十分重要。离子在离子交换膜中的迁移速度比在溶液中更快，因而主体溶液中的待迁移离子不能及时地补充到“膜-溶液”界面，导致该界面处的溶液浓度低于隔室内的主体溶液浓度，这种界面层处与主体溶液中的浓度差则会导致所谓的“浓差极化”。电渗析的工作电流越大，“膜-溶液”界面处的盐离子浓度便越小，浓差极化越剧烈，浓差极化发展到一定程度时，“膜-溶液”界面层产生高电势梯度，会迫使水分子解离为 H^+ 和 OH^- 而参与负载电流，进而导致中性紊乱现象。电渗析过程中开始发生水解离时的电流密度称为“水解离极限电流密度”，为明晰电渗析过程的水解离机理和工况运行稳定性，通常将电压-电流（V-I）、电流倒数-电阻（I^{-1}-R）、电流倒数-pH（I^{-1}-pH）等过程特征曲线用作表征电渗析过程行为特征和确定脱盐过程工况参数的基本手段。

1）*V-I* 特征曲线

典型的电渗析过程 *V-I* 特征曲线如图3-32所示，包含三个明显的特征区域：区域Ⅰ代表欧姆特性，电流随电压呈线性上升，达到极限值后，极化现象越趋明显，特征曲线转变至区域Ⅱ；区域Ⅱ中电流随操作电压缓慢变化，达到极限电流时，特征曲线近似地呈现为“平台状”；而区域Ⅲ则为达到极限电流以上时的特征曲线形态。在此区域，电流随电压线性增加。工程应用中，电渗析过程的 V-I 特征曲线与溶液组成、浓度和隔室内的线性流速等密切相关。不同区域内电渗析膜堆的电阻（曲线斜率）也不相同，这与其“膜-溶液”界面层中离子浓度的变化相对应。

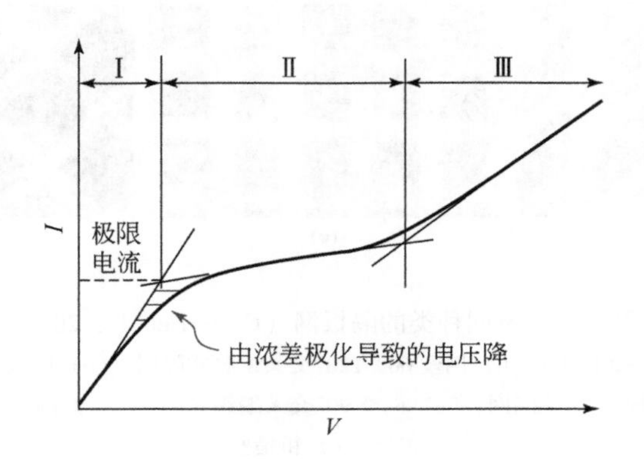

图 3-32　典型的 V–I 曲线关系图（Campione et al.，2018）

工程应用中，电渗析过程的 V-I 特征曲线与溶液组成、浓度和隔室内的线性流速等密切相关。Barragán 和 Ruíz-Bauzá（1998）研究了不同浓度 KCl 溶液的电渗析过程，根据测得的 V-I 特征曲线做出相关报道，明确了极限电流与 KCl 溶液浓度呈现明显的正相关（图 3-33）。这是由于在相同电压下，高浓度的 K^+ 延缓了“膜-溶液”界面处的离子耗竭发生。

2）I^{-1}-R 及 I^{-1}-pH 特征曲线

当电渗析过程电流超过极限电流时，脱盐室内的溶液-膜界面出现充分的离子耗竭层。从理论分析角度，此时的运行电流由水解离产生的 H^+ 和 OH^- 由定向迁移形成，H^+ 和 OH^- 的离子半径较盐分离子小而更容易实现定向电迁移，致使离子交换膜的表观迁移数明显降低。V-I 特征曲线虽在工程实践中较为常见，但 I^{-1}-R 及 I^{-1}-pH 特征曲线同样是评估浓差极化和水解离程度的常用手段。典型的淡化室 pH 或电阻与电流倒数的关系如图 3-34 所示，极限电流由两曲线的拐点确定，该曲线更为直观地反映了电流与电阻及 pH 的关系。对于特定的电渗析过程，通过测定其特征曲线，是明确过程工况、确定优化操作参数的最重要技术手段。

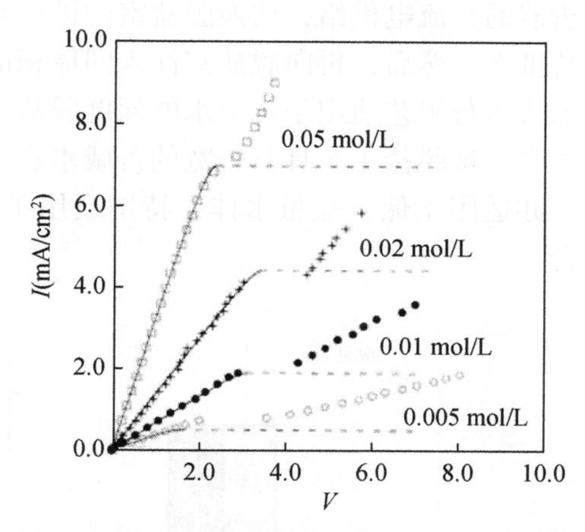

图 3-33 不同的 KCl 浓度下 V-I 曲线关系图（Barragán and Ruíz-Bauzá, 2008）

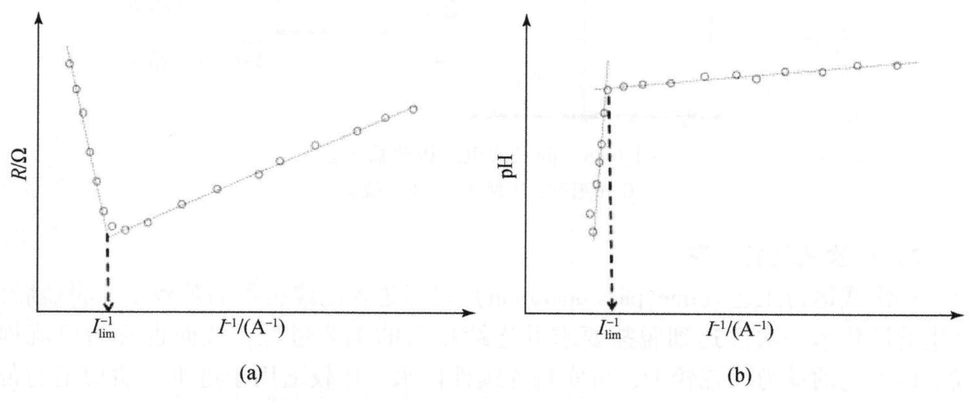

图 3-34 典型的 I^{-1}-R 及 I^{-1}-pH 曲线关系图（Ali et al., 2018）

3.2.6 电渗析法苦咸水淡化运行工艺

电渗析苦咸水淡化过程中，需要经济合理地选择运行工艺。常用的运行工艺主要有间歇式、一次式和部分循环式。

1）间歇式运行工艺

间歇式运行工艺（batch operation）是指电渗析器的脱盐水以循环方式脱盐、间歇批量产水的流程系统。如图 3-35 所示，苦咸水一次性加入脱盐室，用脱盐水泵将苦咸水送入电渗析器进行淡化，经膜堆流出的脱盐水流回脱盐水槽，然后再经脱盐水泵送入电渗析。一定时间后，当脱盐水经循环脱盐过程达到淡化水水质标准后，关闭电渗析器的直流电供给，切换脱盐室的进口阀门，排出淡化后的产品水，完成一个脱盐批次。然后，再向脱盐室注入同体积的苦咸水，进行下一批次的脱盐过程。间歇式运行工艺适用于苦咸水的深度脱盐、产品水水质稳定性要求高的小型淡化水生产。该脱盐工艺具有较宽的苦咸水进水盐度范围，即可用于高、中含盐量水体，亦适用于低含盐量水体，特别适用于进水水质波动较大、产水量需求较小的场合。

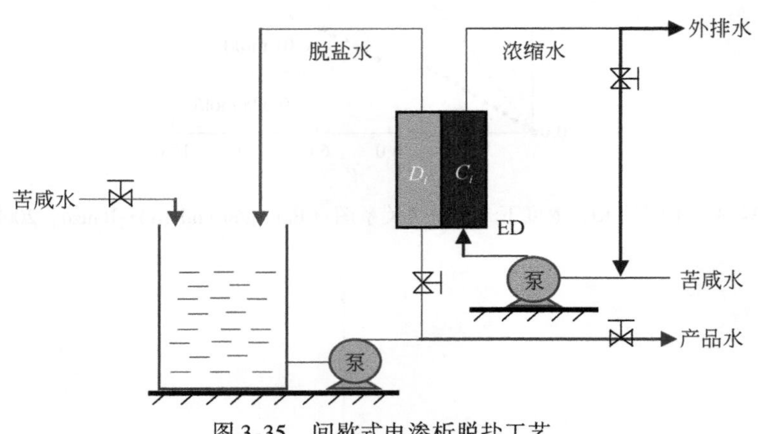

图 3-35　间歇式电渗析脱盐工艺

C-浓缩室；D-淡化室；ED-脱盐

2）一次式运行工艺

一次式运行工艺（one-pass operation）是指进入电渗析器的苦咸水经脱盐后，产生的淡化水一次性达到脱盐要求并连续排出的工艺过程，故而也称为单流程式。该工艺的动力消耗较少，可实现连续性供水，比较适用于进水水质稳定的苦咸水淡化。进水方式主要分为脱盐水和浓缩水同向流动（顺流）、脱盐水和浓缩水逆向流动（逆流），详见图 3-36。采用逆流操作可在一定程度上抑制浓缩室盐分向脱盐室的反向浓度扩散，同时减小离子电迁移的溶液阻力，进而有助于降低脱盐过程的能耗。

为了尽可能获得高品质产水、进一步降低脱盐过程本体能耗，电渗析多采用分段式膜堆构型（图 3-37）。这种结构的优势在于第一段产水在进入第二段前能够进行重新分配，有助于克服由某些脱盐室出水水质较差而造成电渗析器淡化水品质的波动性，从而提高产水水质的稳定性。此外，分段式膜堆构型在客观上增加了隔室内部的膜面流速和湍动能力，强化了传质效果，使得脱盐过程更为均一化，具有一定的节能降耗作用。

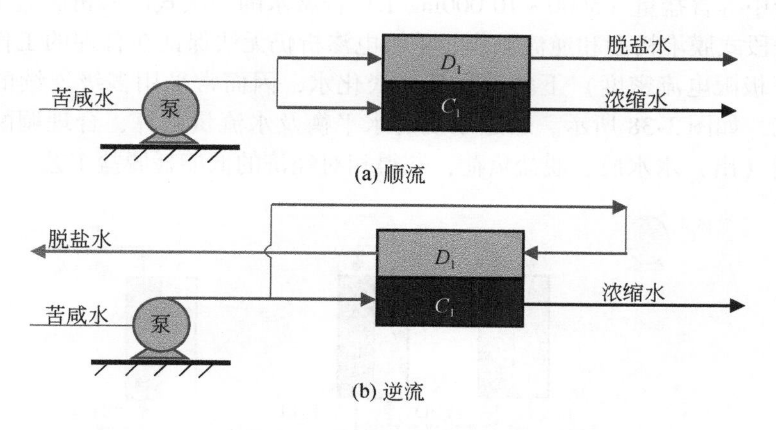

图 3-36　顺流和逆流分布

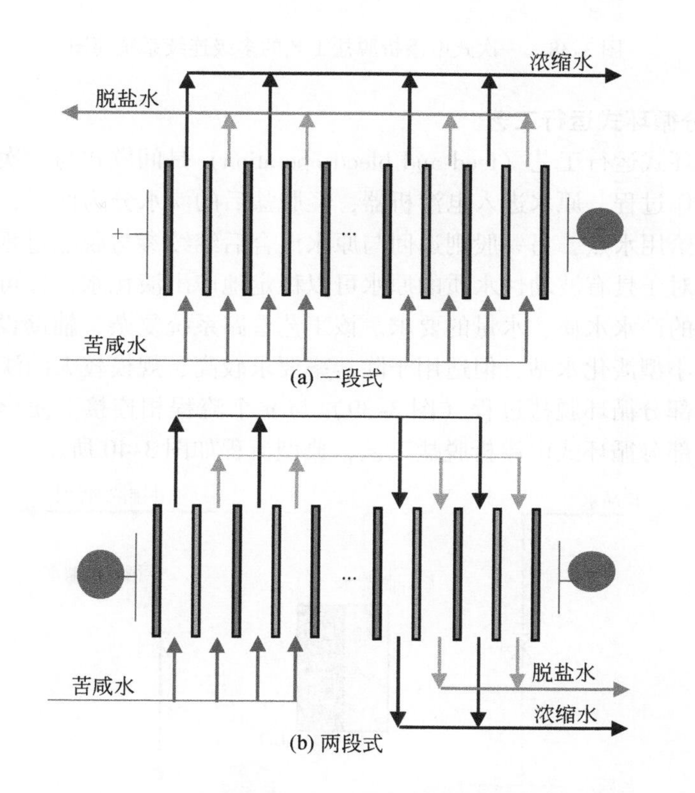

图 3-37　一段式及两段式电渗析膜堆构型示意

对于中等含盐量（5000～10 000mg/L）苦咸水的一次式电渗析脱盐工艺，即便采用分段式膜堆构型和逆流操作，单级电渗析仍无法保证在合理的工作电流密度（低于极限电流密度）下获得高品质淡化水，因而常采用多级连续的一次式脱盐工艺，如图 3-38 所示。通过系统的水平衡及水流量衡算，合理调配各级电渗析的进（出）水水质、脱盐负荷，获得相对经济的低能耗脱盐工艺。

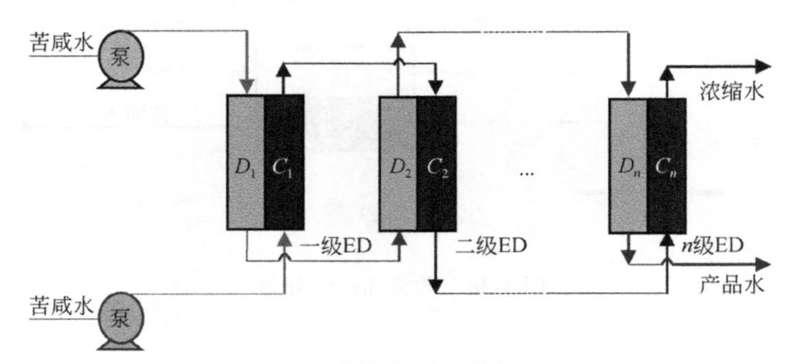

图 3-38　一次式电渗析脱盐工艺的多级连续系统简图

3）部分循环式运行工艺

部分循环式运行工艺（feed and bleed operation）是间歇式与一次式结合的一种连续性操作过程，原水进入电渗析器，经脱盐后的淡水分为两股，一股淡水作为产品水供给用水点，另一股则返回与原水混合后继续参与脱盐过程。这种工艺的优点是，对于具有波动性水质的原水可以稳定地产出淡化水，并可用定型设备来适应不同的产水水质、水量的要求。该工艺管路系统复杂、辅助设备较多，不宜用于中、小型淡化水站，但适用于除盐率要求较高、规模较大的淡化水厂。

将单级部分循环脱盐过程（图 3-39）与 n 个流程相连接，便形成工业规模的多级连续部分循环式电渗析脱盐工艺，典型流程如图 3-40 所示。

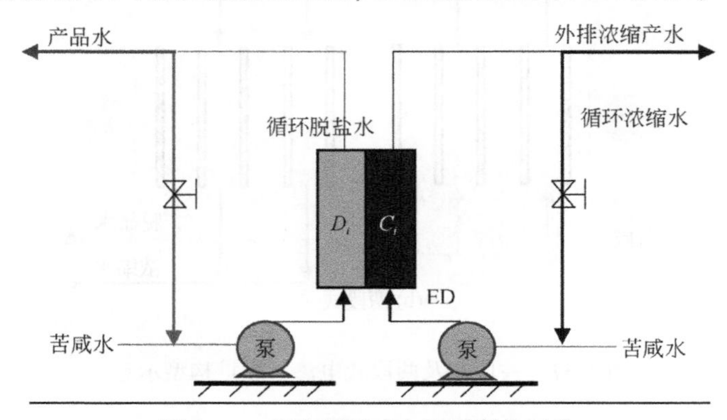

图 3-39　部分循环式电渗析脱盐工艺

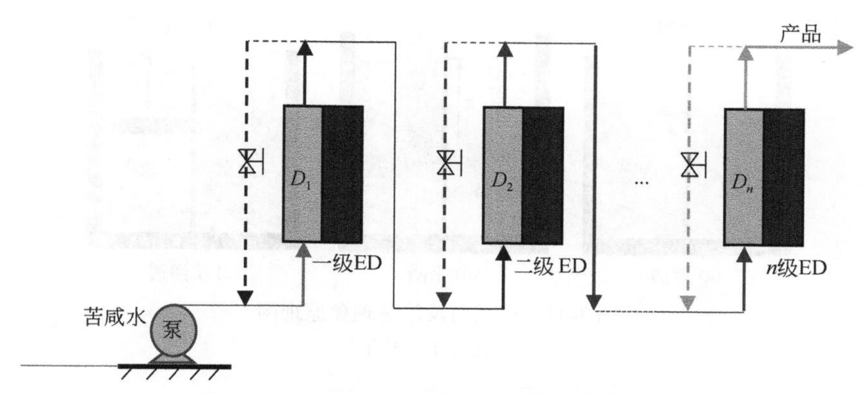

图 3-40　多级连续部分循环式电渗析脱盐工艺

电渗析法苦咸水淡化过程中，浓差极化现象是不可避免的，浓差极化的恶化会严重影响电渗析器的工作效率和运行的稳定性。为减缓这一过程，通常膜堆内的电流密度不能过高，分隔室内的线性流速不能过低。从这一点出发，电渗析苦咸水淡化过程通常需要采用多级连续流程和部分循环流程。

3.3　反渗透法苦咸水淡化

3.3.1　反渗透苦咸水淡化原理

1. 反渗透原理

反渗透（reverse osmosis），是指自然界水分自然渗透过程的反向过程。在一个容器中间放置半透膜，将容器阻隔为两部分，分别将相同体积的稀溶液和浓溶液置于容器内，稀溶液中的溶剂将自然地透过半透膜，向浓溶液侧流动，浓溶液侧的液面会比稀溶液侧的液面高出一定高度，这一过程称为正渗透，此时，两端液面形成一个压力差。当达到渗透平衡状态时，两端液面高度不再发生变化，此时的压力差（高度差）即为渗透压。若在浓溶液侧施加一个大于渗透压的压力，浓溶液中的溶剂会向稀溶液流动，此种溶剂的流动方向与原来渗透的方向相反，这一过程称为反渗透。

自然的渗透过程中，溶剂通过渗透膜从低浓度向高浓度部分扩散；而反渗透是指在外界压力作用下，浓溶液中的溶剂透过膜向稀溶液中扩散，具有这种功能的半透膜称为反渗透膜，即 RO 膜。渗透与反渗透现象原理如图 3-41 所示。

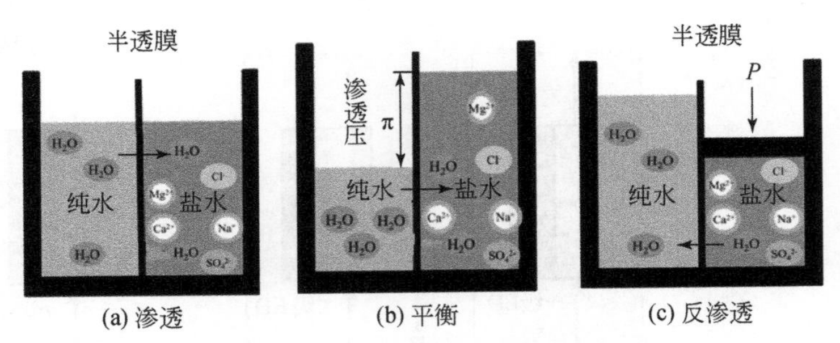

图 3-41　渗透与反渗透现象原理图

P 代表外界压力

2. 反渗透传质机理

目前，反渗透过程的传质机理及模型主要有三种。

1）溶解–扩散模型

Lonsdale 等提出解释反渗透现象的溶解–扩散模型。他将反渗透的活性表面皮层看作致密无孔的膜，并假设溶质和溶剂都能溶于均质的非多孔膜表面层内，各自在浓度或压力造成的化学势推动下扩散通过膜。溶解度的差异及溶质和溶剂在膜相中扩散性的差异影响着它们通过膜的能量大小。其具体过程分为：第一步，溶质和溶剂在膜的料液侧表面外吸附和溶解；第二步，溶质和溶剂之间没有相互作用，它们在各自化学位差的推动下以分子扩散方式通过反渗透膜的活性层；第三步，溶质和溶剂在膜的透过液侧表面解吸。

在以上溶质和溶剂透过膜的过程中，一般假设第一步、第三步进行得很快，此时透过速率取决于第二步，即溶质和溶剂在化学位差的推动下以分子扩散方式通过膜。膜的选择性使气体混合物或液体混合物得以分离。而物质的渗透能力，不仅取决于扩散系数，还取决于其在膜中的溶解度。

溶剂和溶质在膜中的扩散服从 Fick 定律，这种模型认为溶剂和溶质都可能溶于膜表面，因此物质的渗透能力不仅取决于扩散系数，还取决于其在膜中的溶解度，溶质的扩散系数比水分子的扩散系数要小得多，因而透过膜的水分子数量就比通过扩散而透过去的溶质数量多。

2）优先吸附–毛细孔流理论

当液体中溶有不同种类物质时，其表面张力将发生不同的变化。例如，水中溶有醇、酸、醛、酯等有机物质，可使其表面张力减小，但溶入某些无机盐类，反而使其表面张力稍有增加，这是因为溶质的分散是不均匀的，即溶质在溶液表面层中的浓度和溶液内部浓度不同，这就是溶液的表面吸附现象。当水溶液与高分子多孔膜接触时，若膜的化学性质使膜对溶质负吸附，对水是优先的正吸附，则在膜与溶液界面上将形成一层被膜吸附的一定厚度的纯水层。它在外压作用下，将通过膜表面的毛细孔，从而可获取纯水。

3）氢键理论

在醋酸纤维素中，由于氢键和范德瓦耳斯力的作用，膜中存在晶相区域和非晶相区域两部分。大分子之间存在牢固结合并平行排列的为晶相区域，而大分子之间完全无序的为非晶相区域，水和溶质不能进入晶相区域。在接近醋酸纤维素分子的地方，水与醋酸纤维素羰基上的氧原子会形成氢键并构成所谓的结合水。当醋酸纤维素吸附了第一层水分子后，会引起水分子熵值的极大下降，形成类似于冰的结构。在非晶相区域较大的孔空间里，结合水的占有率很低，在孔的中央存在普通结构的水，不能与醋酸纤维素膜形成氢键的离子或分子则进入结合水，并以有序扩散方式迁移，通过不断地改变和醋酸纤维素形成氢键的位置来通过膜。

在压力作用下，溶液中的水分子和醋酸纤维素的活化点——羰基上的氧原子形成氢键，而原来水分子形成的氢键被断开，水分子解离出来并随之移到下一个活化点并形成新的氢键，于是通过一连串的氢键形成与断开，水分子离开膜表面的致密活性层而进入膜的多孔层。由于多孔层含有大量的毛细管水，水分子能够畅通流出膜外。

3. 主要指标

1）脱盐率和透盐率

脱盐率指通过反渗透膜从系统进水中去除可溶性杂质浓度的百分比，脱盐率=(1-产水含盐量/进水含盐量)×100%。透盐率指进水中可溶性杂质透过膜的百分比，透盐率=100%-脱盐率。

反渗透膜元件的脱盐率在其制造成形时就已确定，脱盐率的高低取决于膜元件表面超薄脱盐层的致密度。针对同一种膜材质的组件，在相同的膜面积下，脱盐层越致密脱盐率越高，同时产水量越低。反渗透对不同物质的脱盐率主要由物质的结构和分子量决定，对高价离子及复杂单价离子的脱盐率可以超过99%，对单价离子，如钠离子、钾离子、氯离子的脱盐率稍低，但也超过了98%；对分子量大于100的有机物脱盐率也可达到98%，但对分子量小于100的有机物脱盐率较低。

2）产水量（水通量）

产水通量是指反渗透膜元件在标准条件下透过膜的水量或是指反渗透系统的单位膜面积的平均水通量，即单位时间内单位面积上透过膜的水量，通常用g/(f·d)或L/(m^2·h)来表示。

过高的水通量将使反渗透膜表面的浓差极化加剧，进而导致膜污染。

3）回收率

回收率是指膜系统中给水转化成为产水或透过液的百分比。膜系统的回收率在设计时就已经确定，是基于预设的进水水质而定的。

回收率=(产水流量/进水流量)×100%。

4. 影响因素

1）动力学公式

反渗透时，溶剂的渗透速率即液流量 N 为

$$N=\mathrm{Kh}(\Delta p-\Delta\pi)$$

式中，Kh 为水力渗透系数，它随温度升高稍有增大；Δp 为膜两侧的静压差；$\Delta\pi$ 为膜两侧溶液的渗透压差。

稀溶液的渗透压 π 为

$$\pi=iC\mathrm{R}T$$

式中，i 为溶质分子电离生成的离子数；C 为溶质的摩尔浓度；R 为摩尔气体常数；T 为绝对温度。

2）影响因素

（1）进水压力。进水压力本身并不会影响盐透过量，但是进水压力升高使得驱动反渗透的净压力升高，产水量加大，同时盐透过量几乎不变，增加的产水量稀释了透过膜的盐分，降低了透盐率，提高了脱盐率。当进水压力超过一定值时，过高的回收率，加大了浓差极化，又会导致透盐率增加。

（2）进水水温。反渗透膜产水对进水水温的变化十分敏感。随着进水水温的增加，水通量也线性地增加，进水水温每升高1℃，产水量就提升2.5%～3.0%。

（3）进水 pH。进水 pH 对产水量几乎没有影响。

（4）进水盐浓度。渗透压是水中所含盐分或有机物浓度的函数，进水盐浓度越高，膜两侧的浓度差也就越大，则膜的透盐率就会上升，从而导致脱盐率下降。

3.3.2 反渗透系统的设计

1. 预处理系统

1）预处理系统概述

反渗透膜组件是一种精细元件，极易受到污染和堵塞，预处理的好坏直接影

响反渗透系统的运行。因此反渗透膜组件对进水水质要求高，用户必须针对原水水质满足设计要求进行合理预处理。

进入反渗透预处理系统的原水按照来源可分为地表水和地下水。按照总含盐量可划分为低含盐量苦咸水（总含盐量小于2000mg/L)、中含盐量苦咸水（总含盐量为2000～6000mg/L)、高含盐量苦咸水（总含盐量大于6000mg/L)。

预处理一般可以分为传统预处理方法和膜法预处理。所谓传统预处理是对膜法预处理出现前反渗透预处理工艺的总称，包括絮凝、沉淀、多介质过滤和活性炭过滤等。随着高分子分离膜技术的不断发展，微滤和超滤逐步出现在反渗透和纳滤的预处理系统中，并在部分实际工程中替代了传统预处理工艺。

2）反渗透预处理工艺

(1）传统预处理方法。传统预处理方法包括：①絮凝过滤。絮凝处理的对象是原水中的小颗粒悬浮物和胶体。絮凝原理是通过添加化学药剂（铁盐或铝盐)，使水中的这些杂质形成大颗粒的絮状物，然后在重力作用下沉淀，与水分离。絮凝过滤是指在水中加入絮凝剂，水与絮凝剂在流经石英砂过滤器的过程中反复接触进行絮凝反应，当生成的絮凝体达到一定体积后被截留在砂柱空隙之间，这些被截留的絮凝物进一步吸附水中的细小矾花，从而使水质清澈。絮凝过滤对胶体也有一定效果。②吸附。吸附法是利用多孔性固体物质，吸附水中的某些污染物质在其表面，从而达到净化水体的方法。吸附法能去除有机物、胶体、余氯等污染物，还能去除色度和嗅味等。常用的吸附剂有活性炭、大孔径吸附剂等，其形态分为粉末和棒状、球状固体颗粒。目前最常用的是颗粒活性炭。③精密过滤。精密过滤也称保安过滤，它采用加工成型的滤材，如滤布、滤网、滤芯等，用以去除5μm以上的颗粒。④氧化处理。氧化是利用强氧化剂氧化分解水中污染物的一种化学方法，对于反渗透系统来说，氧化主要是去除水中的有机物和二价铁、锰离子。目前使用的氧化剂有氯系和氧系两种，如二氧化氯、氯气、次氯酸钠、臭氧、过氧化氢等。在反渗透预处理中通常只是加入强氧化剂打断有机物链条，转换为小分子有机物，再通过吸附等工艺去除。⑤消毒杀菌。自然界的水体均含有微生物，包括细菌、真菌、藻类、病毒、原生动物等。含有微生物的原水若不经杀菌处理直接进入反渗透膜元件，微生物会在反渗透浓缩作用下，富集在膜元件表面，形成微生物膜，严重影响膜元件的产水量和脱盐率，造成损失增加。而且膜元件在微生物污染后，不易清洗恢复，所以必须进行杀菌处理，尤其是海水、地表水、废水。⑥软化。软化是指采用化学方法，去除水中硬度的处理方法，其分为离子交换软化和药物软化两种方法。

(2）膜法预处理。微滤（microfiltration，MF）和超滤（ultrafiltration，UF）是近几年才大规模应用的反渗透预处理工艺。同絮凝、沉淀以及砂滤比较，其过滤的水质稳定、设备管理比较简单，也不会产生过滤残渣或絮凝污泥等废弃物。

作为预处理工艺，微滤和超滤的使用可以完全去除不溶解物质，降低颗粒物的污染风险，延长反渗透膜使用寿命。但并非采用了微滤和超滤就可以排出一切对反渗透产生污染的物质。这一方面是由于微滤以及用于反渗透和纳滤预处理的超滤膜都属于筛分过滤，过滤孔径为0.02～0.05μm，虽然不溶解的物质会被截留，但是很多溶解在水中的有机物同样会对反渗透系统产生污染，这是微滤和超滤预处理工艺不能解决的问题。另一方面，微滤和超滤预处理系统经常需要加入药剂，如絮凝剂、助凝剂、氧化剂、酸和碱等，这些化学物质有可能在微滤和超滤的产水中存留，进而导致反渗透和纳滤膜的污染与劣化。其中尤其要注意的是絮凝剂和氧化剂。结合目前大量的双膜法（MF/UF+RO）案例来看，大多数微滤和超滤系统会在线投加絮凝剂，种类以铁盐和铝盐为主，这是为了在原水中生成微絮凝以提高微滤和超滤的产水水质，部分絮凝剂未能充分反应并透过微滤和超滤膜进入产水侧，由于在产水水箱中有一定的停留时间，这些透过的絮凝剂发生二次絮凝，这对反渗透膜会造成严重的污染。氧化剂的投加主要是为了杀灭水中的微生物，在微滤和超滤的反洗步骤中也经常使用，但是残留的氧化剂如果没有充分地还原，就会造成反渗透膜的氧化，导致不可恢复的破坏。因此，在选择微滤和超滤作为预处理工艺时，一定要严格控制药剂的投加量，严格按照微滤和超滤制造商提供的设计参数设计。虽然微滤和超滤系统自动化程度高、运行操作简单，但也同样要做好维护工作，确保系统稳定地运行。

3）预处理系统的设计和选择

（1）针对原水含有微粒和胶体的苦咸水反渗透预处理系统设计。在预处理系统中设置石灰预软化工艺，并在澄清器中辅助投入少量的铝酸钠，以增加澄清效果。在多介质过滤或细砂过滤等预处理工艺环节之前，增设投加混凝剂/助凝剂、沉降、澄清等预处理组合工艺。

在反渗透膜分离系统之前，设置微滤或超滤预处理设备，以去除原水中的微粒和胶体污染物。

（2）针对苦咸水中含有大量余氯的反渗透预处理系统设计。在预处理系统中考虑设置还原剂（亚硫酸氢钠）计量投加装置或设置活性炭吸附过滤器，用以消除给水尚存的自由氯，以防止由水中氧化性物质的长期存在而导致的反渗透膜的表面活性层性能退化。一般来说，在小型反渗透系统中均选择设置活性炭吸附过滤器，而在大型系统中一般都考虑在预处理系统中设置还原剂计量投加装置。

（3）针对苦咸水中含有细菌及微生物或系统已有微生物滋长的反渗透预处理系统设计。具体包括：①在反渗透给水系统上间断投加被允许使用的非氧化性化学杀菌剂；②在反渗透预处理系统中增设紫外线消毒工艺；③在预处理系统中增设微滤或超滤工艺。

4）针对苦咸水中含有天然有机物的反渗透预处理系统设计

（1）在预处理系统中，设置石灰预软化、混凝、澄清组合处理工艺，然后再通过多介质过滤和细砂过滤的工艺处理，去除原水中被吸附的天然腐殖质有机物。该工艺在大型反渗透预处理系统中被广泛采用。

（2）在预处理系统中设置活性炭吸附过滤工艺，去除原水中尚存的有机物。该工艺在中小型反渗透预处理系统中被经常采用。

（3）将微滤器（0.2μm）和超滤器（截留分子量在6000～20 000Da①）作为清除有机物的预处理设备，该工艺在小型反渗透系统中被经常使用。

（4）在预处理系统中以纳滤膜分离设备作为反渗透系统的预处理设备，可以将分子量在200Da以上的有机物和微生物、病毒去除；同时，可去除原水中如硬度、硅酸盐等二价离子。

5）针对苦咸水中存在难溶无机盐类成分的反渗透预处理系统设计

（1）离子交换软化。此工艺在系统未选择投加有机阻垢剂且原水硬度含量较低时，被经常采用。一般来说，目前此工艺在小型反渗透装置的预处理系统和用于饮用水净化的反渗透纯净水制备系统中应用最多。

（2）石灰软化辅助投加镁剂。此工艺在原水碳酸盐硬度和溶解二氧化硅含量较高的大型反渗透系统中往往被采用。一般来说，该方法可将原水碳酸盐硬度降低到100mg/L左右，与此同时原水中溶解的二氧化硅含量也可以去除50%～60%。此工艺在处理水质较差的地表水和工业循环水时应用居多。

（3）给水中计量投加阻垢剂。由于该工艺对原水和现场条件的适用性强，容易实现自动控制，装置运行可靠，故在大型反渗透系统和原水难溶无机物含量较高的系统中被广泛采用。阻垢剂的稀释及投加均十分方便，该药剂对水中的多种难溶物质均具有较高的分散能力。在选择系统需投加的阻垢剂品种时，应考虑所投加的阻垢剂与给水前期投加的絮凝剂和凝聚剂是否兼容。若原水在预处理过程中使用了阳离子型絮凝剂，在后续反渗透系统中就要坚决避免使用阴离子型阻垢剂；若不能避免，则后续工艺投加阴离子型阻垢剂就可能与过滤水中尚存的阳离子型絮凝剂发生反应，且由药剂投加而形成的反应物会以胶体化合物的形式沉积在膜表面上，进而对反渗透膜形成污染。例如，在过去国内被作为阻垢剂经常使用的六偏磷酸钠，由于其具有溶解不便、受温度影响大、稳定性与分散能力较差等缺点而正在被逐渐取代。另外，六偏磷酸钠水解后生成的磷酸根离子和磷酸

---

① $1Da = 1.66054 \times 10^{-27}kg$。

盐垢，很可能成为原水中所含微生物的营养剂，从而促进了微生物在反渗透系统内繁衍，这也是六偏磷酸钠正在被用户逐渐弃用的原因之一。无论是选用哪一种阻垢剂，在应用时应特别注意其浓水系统中朗热利耶指数（Langelier index）值的控制，保证系统安全运行。

6）针对苦咸水中溶解硅含量较高的反渗透预处理系统设计

（1）在现场条件允许的情况下，通过系统内设置的换热器将给水温度调整至28～35℃，进而提高水中硅酸化合物的溶解度，并与控制系统水回收率的工艺设计相结合，来确保反渗透系统在运行过程中无硅胶垢形成，这是在工程中经常采用的方法。在此种条件下，一般应注意将反渗透浓水系统中二氧化硅的含量控制在150mg/L以下。

（2）采用石灰预软化和投加镁剂（菱苦土）相结合的方法除硅。该方法可以将溶解在原水中的二氧化硅去除60%以上，另外，该工艺在用户实际操作时比较麻烦，故其在小型水处理系统中应用很少，而在大型反渗透预处理系统中被广泛采用。

（3）投加硅分散剂。目前，进口硅分散剂的优越性能推动该方法在国内大型反渗透工程中被广泛采用。在应用时，有的甚至允许反渗透浓水系统中二氧化硅的含量达到240～290ppm。但对一个反渗透系统设计者来说，具体工程中反渗透浓水系统二氧化硅所允许的最高含量，应根据具体投加药剂所允许的技术指标和符合现场条件的药剂投加计算软件的模拟结果而最终确定。

7）针对苦咸水中含有金属氧化物的反渗透预处理系统设计

（1）在预处理系统中设置对原水的预氧化工艺，然后通过混凝、沉降和砂滤或锰砂过滤等工艺，将原水中的铁、锰离子及其化合物去除，当反渗透系统处理处于还原状态且含有铁、锰离子的原水时，设计者更应该注意防止铁、锰氧化物形成的膜污染。这是因为原水在经过预处理氧化工艺处理后，即水中氧含量在5ppm以上时，二价铁、锰离子会变成不溶性氢氧化物的溶胶，虽然一般情况下通过混凝、沉降及介质过滤等组合工艺可将该类污染物去除，但在实际的反渗透水处理工程中，铁在反渗透膜系统中产生污堵的案例往往很多。多年的工程实践表明，当原水pH为7.7以上时，即便在反渗透给水中铁含量为0.1ppm且污染密度指数（silt density index，SDI）测试值小于5的情况下，也可能发生铁的膜污染问题，这是因为铁的氧化速率与铁含量、水中溶解氧的浓度及pH等因素密切有关，所以在预处理系统中应注意对原水中铁离子含量的控制。工程实践证明：一般情况下，原水pH较低时，反渗透给水中铁离子的允许含量可以稍高。在原水pH<6.0，溶解氧含量<0.5ppm，原水铁含量在4ppm以下时，反渗透膜系统基本上不可能发生铁污染；当原水溶解氧含量在0.5～5ppm、pH为6.0～7.0

时，水中铁离子的安全允许含量应在0.5ppm以下；当原水溶解氧含量为5ppm以上且pH>7.7时，反渗透给水中的铁离子的安全允许浓度仅为0.05ppm。另外，在处理含铁的地下水对原水进行氧化处理时，不能采用加氯工艺，因为水中的铁在被氯化时所形成的胶体铁很难去除，进而对反渗透膜形成污染。

（2）投加化学分散剂。在可以有效地防止无机盐结垢的同时，还可以防止一定量的金属氧化物在反渗透膜系统中的沉积。

8）针对苦咸水中可能含有微量油和脂的反渗透预处理系统设计

在反渗透给水中不能含有油和脂，因为原水中油和脂的存在均可能会使反渗透膜的芳香聚酰胺活性层在应用过程中发生溶胀，并引起膜性能的退化，同时，油脂在膜表面上的附着更容易使水中的其他污染物在膜表面滞留，从而引起反渗透膜的其他污染。

在进行反渗透系统设计时，当给水中油和脂的含量在0.1ppm以上时，就应根据具体情况选择油水分离、化学凝聚、活性炭吸附过滤或超滤膜分离等工艺对其进行去除。

2. 反渗透膜元件的选择

反渗透膜材质有醋酸纤维素膜元件和复合膜元件两大类。

醋酸纤维素膜元件一般用纤维素经酯化生成三醋酸纤维，再经二次水解成醋酯纤维，包括二醋酯纤维、三醋酯纤维。影响膜的脱盐率与产水量最重要的因素是乙酰，乙酰含量高则脱盐率高，但产水量少。醋酸纤维素膜本质上的弱点是，随时间的推移，酯基官能团将发生水解，同时脱盐率逐渐下降而流量增加，随着水解作用的加强，膜更易受到微生物污染，同时膜本身也将失去它的功能和完整性。

复合膜元件的主要支持结构是经压光机压光后的聚酯无纺织物，其表面无松散纤维并且坚硬光滑，由于聚酯无纺织物非常不规则并且太疏松，不适合作为盐屏障层的底层，因而将微孔工程塑料聚砜浇注在非纺织物表面上，聚砜层表面的孔控制在大约15nm，屏障层采用高交联度的芳香聚酰胺，厚度大约在0.2μm。高交联度的芳香族聚酰胺由均苯三甲酰氯和苯二胺聚合而成。

复合膜与醋酸纤维素膜相比存在化学稳定性好、生物稳定性好、传输性能好、产水量及脱盐率稳定、工作压力低及寿命长的优点。目前，复合膜已经广泛应用在苦咸水淡化的各个领域。

反渗透膜组件是指将膜、固定膜的支撑材料、间隔物等通过一定的黏合或组装构成基本单元。膜组件分为板框式、卷式、管式、中空纤维式4种类型。针对苦咸水淡化工程，一般采用卷式反渗透膜。

在设计反渗透系统时，针对不同的进水条件，选择合适的反渗透膜元件和型号，这对反渗透系统的正常有效的运行是至关重要的。膜元件种类和型号归根到底是根据原水水质以及产水水质的要求来确认的。

目前，苦咸水淡化反渗透膜元件大致分为两大类，即低压苦咸水膜元件和常压苦咸水淡化膜元件。低压苦咸水膜元件，如海德能的 ESPA 系列、陶氏公司的 LCLE 系列等，此类膜元件的标准运行压力在 1.05MPa，脱盐率一般在 96% 左右；常压苦咸水淡化膜元件，如陶氏公司的 BW30 系列、海德能的 CPA 系列，此类膜元件的标准运行压力在 1.55MPa，脱盐率一般在 99% 以上。

以上两大类中膜元件，根据其各种产品特点的不同，又分为低污染膜元件、低压膜元件和超低压膜元件。低污染膜元件适用于给水水源有轻微污染的苦咸水淡化处理，可防止或延缓污染物对膜元件的污染。低压膜元件适用于普通水源给水含盐量大于 1000mg/L 的地下水、地表水的淡化和深度处理。超低压膜元件适用于给水含盐量小于 1000mg/L 的地下水、地表水的淡化处理及自来水的净化水处理。

3. 反渗透系统设计及优化

1）反渗透系统工艺设计概述

完整的反渗透水处理系统一般由预处理部分、膜处理部分和后处理部分组成，前面已经讨论了预处理的方法，为了达到最终产品水的水质要求，有时还需要采用后处理步骤。例如，进行反渗透膜处理后，通常对产水 pH 进行调节、重新调整水中的硬度含量并进行杀菌处理；在超纯水制备过程中，膜系统的产水后处理通常是采用离子交换深度除盐。

膜装置包括膜元件、以一定方式排列的压力容器、给压力容器供水的高压泵、仪表、管道、阀门和装置支架等。系统设计还应包括设置就地清洗系统，以便以后对膜系统进行化学清洗。

通常采用产水流量和产水品质两个参数表征反渗透系统的性能，而这些参数总是针对给定的进水水质、进水压力和系统回收率而言的，反渗透系统的主要职责是针对所需的产水量，使所设计的系统尽可能降低操作压力和膜元件的成本，但尽可能提高产水量和回收率以及系统的长期稳定性，并降低清洗维护费用。

应以原水水质及系统脱盐率的要求为依据选择膜元件，膜元件能否达到设计产水量所需的进水压力取决于产水通量值的选择。设计时选择的通量值越大，则所需的进水压力就越高，对于苦咸水膜元件而言，一般不可能超过膜元件规定的最高极限压力，接近这个数值时，产水通量就可能太高了。虽然为了降低膜元件的成本，设计时总是试图选择高的产水通量，但是产水通量的选择是有上限的，规定该上限的目的是减少膜设备内的结垢和污染。

系统的通量设计极限应根据进水的潜在污染程度而定，随着产水通量和回收率的增加，膜面上的污染物浓度也随之增加，回收率高的系统的污染速率和清洗频率也高。

设计膜系统所需要的设计基础资料越全，最终为满足用户需求所设计的系统也越优化。在工程设计中，苦咸水膜系统的回收率一般为 75%。

2）反渗透系统

（1）反渗透系统设计资料及原水分析报告。反渗透系统设计资料及原水分析报告详见表 3-1、表 3-2。

表 3-1　反渗透系统设计资料

登记序号：__________ 记录日期：__________	联系人：__________　电子信箱：__________ 电话：__________　传真：__________

工程所在地：__________　工程公司：__________

最终用户：__________　地址：__________　邮编：__________

设计产水量（m^3/h）：__________　回收率（%）：__________

水源特性：

☐ 地下水/深井水　☐ 地表水

水温情况：最低：______℃　最高：______℃　平均：______℃　设计：______℃

预处理概况：

药剂投加：☐ 絮凝剂　☐ 助凝剂　☐ 杀菌剂

☐ 还原剂　☐ 酸化剂　☐ 阻垢剂

现有预处理：☐ 无　☐ 有　☐ SDI_{15}值（如有预处理）

现有预处理设备名称：__________

现场综合情况：__________

后处理设备及流程：__________

系统运行方式：☐ 24h 连续　☐ 8h 连续

其他要求及说明：

表 3-2 原水分析报告

原水分析单位：__________ 分析者：__________

水源概况：__________ 日期：__________

电导率：__________ pH：__________ 水样温度：__________

组成分析（分析项目请标注单位，如 mg/L、ppm，以 $CaCO_3$ 计等）：

铵离子（NH_4^+）__________	二氧化碳（CO_2）__________
钾离子（K^+）__________	碳酸根（CO_3^{2-}）__________
钠离子（Na^+）__________	碳酸氢根（HCO_3^-）__________
镁离子（Mg^{2+}）__________	亚硝酸根（NO_2^-）__________
钙离子（Ca^{2+}）__________	硝酸根（NO_3^-）__________
钡离子（Ba^{2+}）__________	氯离子（Cl^-）__________
锶离子（Sr^{2+}）__________	氟离子（F^-）__________
亚铁离子（Fe^{2+}）__________	硫酸根（SO_4^{2-}）__________
总铁（Fe^{2+}/Fe^{3+}）__________	磷酸根（PO_4^{3-}）__________
锰离子（Mn^{2+}）__________	硫化氢（H_2S）__________
铜离子（Cu^{2+}）__________	活性二氧化硅（SiO_2）__________
锌离子（Zn^{2+}）__________	胶体二氧化硅（SiO_2）__________
铝离子（Al^{3+}）__________	游离氯（Cl·）__________

其他离子（如硼离子）：__________

溶解性总固体（TDS）__________	生物耗氧量（BOD）__________
总有机碳（TOC）__________	化学耗氧量（COD）__________
总碱度（甲基橙碱度）：	碳酸根碱度（酚酞碱度）：

总硬度： 浊度（NTU）： 污染密度指数（SDI_{15}）：

细菌（个数/mL）： 备注（异味、颜色、生物活性等）：

注：当阴、阳离子存在较大不平衡时，应重新分析测试，相差不大时，可添加钠离子或氯离子进行人工平衡

（2）连续过程与分批过程。具体包括：①连续处理运行方式。反渗透系统通常采用连续处理运行方式，系统中的每支膜元件的运行条件不随时间变化，连续处理运行过程如图 3-42 所示，大多数反渗透系统设计成连续操作模式，以便获得恒定的产水量和回收率，水温变化和膜面污染的影响可通过调节进水压力来弥补，因此，本书重点讨论连续操作流程。②分批处理运行方式。在水量小且不能连续供水的场合，通常采用分批处理运行方式，预先将进水或原液收集在原液箱中，再进行循环处理，渗透液不断从系统中流走，但浓缩液则回流循环返回原液箱。批处理结束时，剩余部分的浓缩液，残留在原料箱中，待这些残留液排干后，更换新一批物料之前，一般需对膜进行一次清洗，分批处理运行过程如图 3-43 所示。

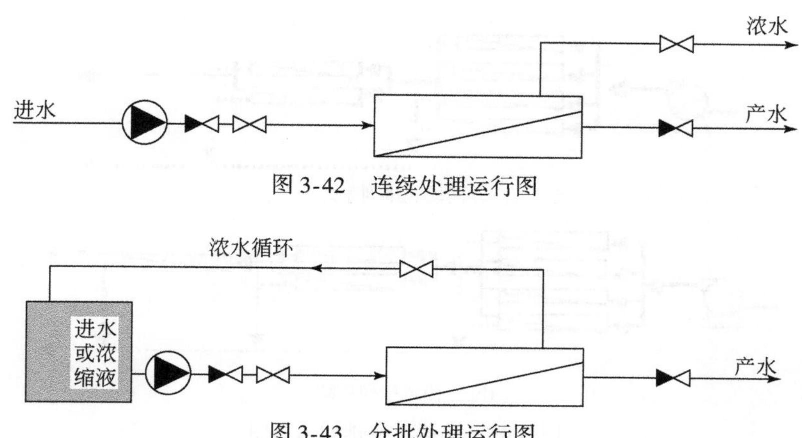

图 3-42　连续处理运行图

图 3-43　分批处理运行图

（3）单元件系统。单元件系统是只包含一支膜元件，但配套设备完整的反渗透或纳滤系统。由于单元件系统仅有一支膜元件，系统的回收率在 18%，很难进一步提高。为了提高回收率，系统浓水的一部分可以回流至给水箱，采用这种方式可以增加其回收率；但是，浓水返回进水，会导致产水水质的下降。

（4）单段系统与多段系统。具体包括：①单段系统。把单只膜元件并联起来排列就形成了单段系统，单段系统中包含两个以上的膜元件，单段系统排列如图 3-44 所示。为了提高回收率，可以在每一个压力容器内串联更多的膜元件。表 3-3 显示了膜元件串联的数量和回收率的关系。②多段系统。当要求系统回收率更高时应采用一段以上排列系统，通常两段式排列系统就可实现 50% ~75% 的系统回收率，而三段式排列系统则可达到 75% ~90% 的回收率。一般而言，系统回收率越高，必须串联在一起的膜元件数就应越多。为了平衡流走的产水并保持每段内原水的流速均匀性，每段压力容器的数量按进水水流方向递减。一般的排列方式是 2 : 1 或 4 : 2 : 1。图 3-45 所示为多段系统排列示意图。

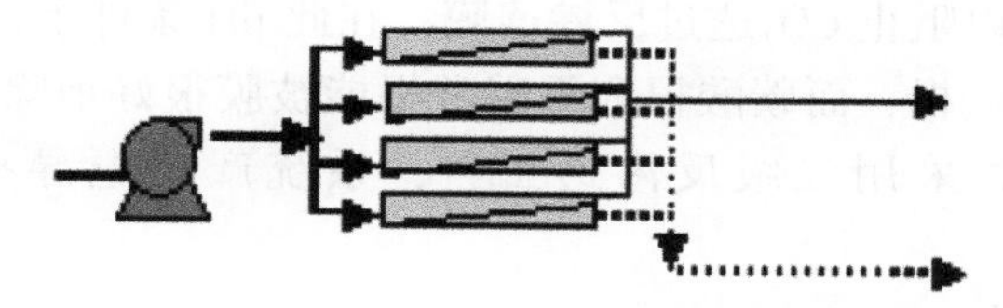

图 3-44　单段系统排列示意图

表 3-3　膜元件串联的数量和回收率的关系

膜元件串联的数量/支	1	2	3	4	5	6
回收率/%	16	29	38	46	53	59

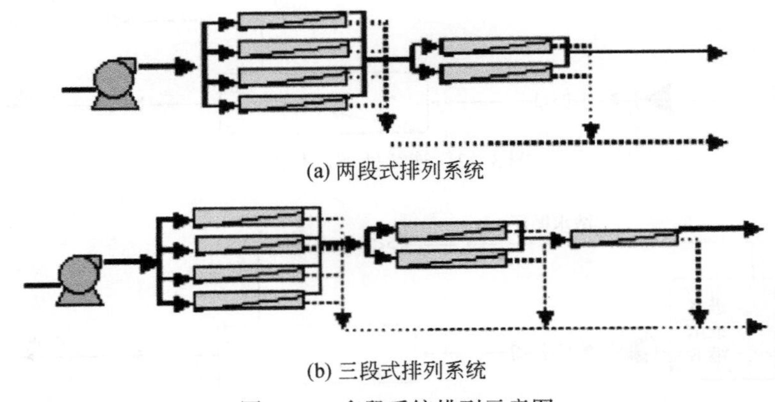

(a) 两段式排列系统

(b) 三段式排列系统

图 3-45　多段系统排列示意图

（5）多级系统。在单级反渗透的产水水质无法满足用水要求时，为了尽可能地降低产水含盐量，前一级反渗透的产水作为下一级反渗透的进水被称为多级反渗透系统。设计多级反渗透系统时，根据产水水质的要求可以考虑第一级的产水全部进入或部分进入第二级反渗透系统。第二级反渗透系统的浓水可以循环回第一级反渗透系统进水中。第二级反渗透系统浓水中的含盐量通常比第一级反渗透系统进水的含盐量还要低，将第二级反渗透系统浓水回到第一级反渗透系统进水会降低进水含盐量，增加整体的回收率。

在任何时间和条件下，同一级的产水压力与同一级的进水或浓水压力的差值（即背压）不得大于 0.3bar①。可以设置一个中间过渡水箱以收集第一级反渗透系统的产水，然后再利用高压泵向第二级反渗透系统供水，但该水箱要采取细致的措施以防止受灰尘和微生物的污染。

产水电导率在多数情况下是产水品质最重要的参数。CO_2 无法被膜脱除，它会存在于成品水中，形成碳酸引起产水电导率的上升。通过将进水 pH 加碱调节到 8.2 左右，就可以阻止 CO_2 透过反渗透膜，在此 pH 条件下，所有的 CO_2 会转化成碳酸根和重碳酸根，而碳酸根和重碳酸根能被膜很好地除去。一般情况下，原水含盐量不高时采用二级反渗透工艺，系统产水电导率可小于 1μs/cm（25℃）。

3）膜系统设计

（1）考虑进水水源、水质，进水和产水流量以及所需的产水水质。膜系统的设计取决于将要处理的原水和处理后产水的用途，因此必须首先按照表 3-1 及

① 1bar = 10^5 Pa。

表3-2的要求详细收集系统设计资料及原水分析报告。

（2）选择系统运行方式和级数。反渗透系统通常采用连续运行方式，系统中的每一支膜元件的运行都不随时间变化，但在某些应用情况下，如供水量较小且供水不连续时，选用分批处理操作系统。此时，进水收集在原水箱中，然后进行循环处理，对部分原水分批处理操作是对分批处理操作的改良，在操作运行过程期间，不断向原水箱注入原水。

多级处理（两级）系统是第一级膜系统的产水作为第二级膜系统的进水，每一级既可以是单段式也可以是多段式。制药和医药用水的生产常选用产水多级处理工艺。若想取代第二级膜系统，可以考虑采用离子交换工艺。

（3）膜元件的选择。根据进水含盐量、进水污染可能性、所需系统脱盐率、产水量和能耗要求来选择膜元件，如何选择膜元件请参见反渗透膜元件的选择。当系统产水量大于5m³/h时，选用直径为8in①、长度为40in的膜元件，当系统较小时则选用小规格元件。

（4）膜平均通量的确定。平均通量设计值f［g/(f·d) 或 L/(m²·h)］可以基于现场试验数据或以往的经验或参照各个膜厂家设计导则所推荐的典型设计通量值选取。

（5）计算所需的膜元件数量。将产水量设计值Q_P除以设计通量f，再除以所选元件的膜面积S_E，就可以得出膜元件数量N_E。

$$N_E = Q_P / (f \cdot S_E)$$

（6）计算所需的压力容器数。将膜元件数N_E除以每支压力容器可安装的元件数量N_{EpV}，就可以得出压力容器数N_V。对于大型系统，常常选用6~7芯装的压力容器，目前世界上最长的压力容器为8芯装，对于小型或紧凑型的系统，选择较短的压力容器。

$$N_V = N_E / N_{EpV}$$

（7）段数的确定。压力容器串联的数量决定了段数，而每一段都由一定数量的压力容器并联组成，段的数量是系统设计回收率、每一支压力容器所含膜元件数量和进水水质的函数。系统回收率越高，进水水质越差，系统就应该越长，即膜元件串联的数量就应该越多。一般地，膜元件串联的数量与系统回收率和段数见表3-4。

① 1in=2.54cm。

表 3-4　膜元件串联的数量与系统回收率和段数（反渗透）

系统回收率/%	膜元件串联的数量/支	含 6 元件压力容器的段数
40 ~ 50	6	1
50 ~ 75	12	2
75 ~ 90	18	3

（8）排列比的确定。当要求系统回收率高于 50% 时，可以采用多段系统。相邻段压力容器的数量之比称为排列比。多段系统是指第一段的浓水作为第二段的进水，第二段的浓水作为第三段的进水，以此类推。每段的进水一部分变成产水，后一段的进水流量会减少，含盐量会升高，所以后一段的膜元件数量要比上一段的膜元件数量少，以此确保膜表面流速，防止浓差极化。一般的排列方式是 2∶1 或 4∶2∶1。通常，两段系统可以把回收率稳定在 50% ~75%，三段系统回收率稳定在 75% ~90%。

4）反渗透系统其他主要部件设计

（1）高压泵。为了维持产水量，控制操作压力不超过允许极限值，就必须控制高压泵的出口压力。反渗透系统一般选用多效离心泵和高压柱塞泵作为高压泵。高压柱塞泵一般适用于高压力、小流量的海水淡化系统。多效离心泵适用于较低压力和较高流量的苦咸水淡化系统。使用安装在多效离心泵出口管线上的节流阀来控制其出口流量和压力，大多数膜系统使用恒转速电机驱动离心泵，使用变转速电机驱动虽然投资较高，但运行能耗低，当进水高低温差超过 5℃ 时可考虑变转速电机驱动离心泵。

（2）压力容器。压力容器有各种不同直径、长度和压力等级，在选用压力容器时，所选择的压力等级必须高于因膜污染需要提高运行压力情况下的最高压力。当运行产水侧出现动态压力时，此时某些压力容器产水出口强度会成为制约因素。

（3）阀门。在反渗透系统中通常使用以下几类阀门：①整个系统进水阀，当需要对系统进行维修或保存系统时，起良好的切断作用；②离心泵泵出口端的调节阀，用于调节离心泵出口流量；③离心泵泵出口端应装止回阀；④产水管路上应装止回阀和压力泄放阀；⑤浓水管路上应装系统调压阀；⑥产水管线上应装排放阀，用于清洗或开机时排放不合格产水；⑦进水和浓水管路上应设有连接清洗回路的阀门（每段能单独清洗）。

（4）控制仪表。为保证反渗透系统的正常操作，必须安装一些必要的仪表：①压力表用于测量保安过滤器的压降、泵进出口的压力、膜元件进口压力、系统段间压降和产水压力；②流量计用以测量浓水和产水总流量以及每一段的产水流量；③进水压力容器入口处设置温度计；④在加碱之后的进水管路上安装 pH 仪；⑤电导率仪安装于进水和产水管线上以检测产水水质和系统表观脱盐率；⑥在进水、浓水及产水管线上（总产水及各段分产水）均应设置取样口，便于评估系统的性能表现，并建议在每支压力容器的产水出口设置一个取样口，以方便今后的故障排除。

（5）水箱（池）。反渗透系统中的水箱包括原水水箱、产水水箱和加药箱。具体包括：①原水水箱。原水水箱起缓冲作用，以便反渗透系统连续运行。系统的操作模式为分批或半分批时，总是需要有原水水箱。②产水水箱。当产水为所需的产品时，一般需要设置产水水箱，系统的启动与停机均与产水水箱的高低液位相联系。反渗透系统的产水量与产水水箱的大小应作适当的设计，使得系统可以连续运转几小时。系统停机的频率越低，则系统的性能表现越佳。③加药箱。对进水进行投药处理时，必须设置加药箱，其容积一般为一天的药剂使用量。

（6）管路材质。从腐蚀的观点来看，反渗透系统的运行环境普遍比较恶劣，因此其建造材质需具备相当程度的抗腐蚀性，包括暴露于有飞溅、潮湿和含盐雾中的设备外表面及接触不同水质的系统内表面。

一般采用表面涂层（如上油漆或镀锌等）对设备外表面做防腐处理。内部与溶液接触的材质除了必须承受系统的运行压力、振动及温度等变化之外，还要能够抵抗进水及浓水中的氯离子的腐蚀；同时考虑产水侧低 pH 以及膜清洗化学药品对管路的腐蚀等。腐蚀产物会造成膜的污堵，加快膜的非正常降解，因此从预处理系统开始必须选择由耐腐蚀材料制作的管道、仪表、阀门、水泵、过滤设备、水箱等。根据不同部件的使用特点以及原水和产水水质的特点，可使用塑料、不锈钢、钢衬胶或钢衬塑和玻璃钢复合材料等。就反渗透系统本体而言，高压泵、高压管路及保安过滤器材质均应选用不锈钢，而产品水输送管和水箱一般采用非腐蚀的优质 PVC、UPVC、ABS 工程塑料和玻璃钢复合材料等。

5）反渗透系统的优化

反渗透系统的优化主要是根据设定的单位面积产水通量、回收率、水温变动范围，采用反渗透设计软件进行分析和调整，从而计算确定系统压力、产水水质以及每支膜元件的运行参数，并可十分方便地通过改变膜元件的数量、品种和排列来优化系统设计。

4. 反渗透系统的维护与保养

反渗透系统维护与保养是为了维持反渗透系统长期稳定运行。常规方法包括以下几个方面：

（1）反渗透的总进水量由进水调节阀控制，如果反渗透进水量没有变化，则不用调节进水调节阀；浓水排放调节阀用来调整回收率，如果回收率没有变化，则不用调节浓水排放调节阀。

（2）当反渗透装置发生高、低压警报时，先检查保安过滤器和高压泵之间的手动阀是否开度太小，然后检查 RO 进水前端的精密过滤器滤芯是否污堵，待检查完毕、检修正常后，再按高、低压报警复位按钮，RO 系统重新启动设备。

（3）严格控制进水水质，保障装置在符合进水标准要求的水质条件下进行，尽可能降低膜元件污染的可能性。

（4）操作压力控制，应在满足产水量的前提下，取尽量低的压力值。

（5）进水温度设计，应根据实际用水水温确定，这样可以减少由温度影响给 RO 系统设计和运行带来的不利因素。

（6）排放量控制，水温、操作压力等因素的变化，使装置的产水量也发生相应的变化，这时应对排放量进行调整，否则将影响装置的回收率。

（7）装置不得长时间停运，如准备停机 72h 以上，应用化学清洗装置向组件内充装 1% 的亚硝酸氢钠和 18% 的甘油实施保护。

（8）反渗透装置每次停机和启动都应让装置冲洗 10min，将污染物以及浓水从膜元件中冲洗出来。

（9）在正常运行条件下，反渗透膜也可能被无机物垢、胶体、微生物、金属氧化物等污染，这些物质沉积在膜表面上会引起反渗透装置产水量下降或脱盐率下降、压差升高，甚至对膜造成不可恢复的损伤，因此，为了恢复良好的产水量和脱盐性能，需要对膜进行化学清洗。

5. 反渗透系统的清洗药剂

市场常用的清洗药剂针对不同的污染物，主要包括以下几种：

（1）2.0wt% 柠檬酸（$C_6H_8O_7$）的低 pH 清洗液（pH 为 4）。对于去除无机盐垢（如碳酸钙垢、硫酸钙、硫酸钡、硫酸锶垢等）、金属氧化物/氢氧化物（铁、锰、铜、镍、铝等）、无机胶体十分有效。

注意：使用氢氧化铵（氨水）向上调 pH 是因为形成的柠檬酸铵具有很好的螯合性。这时不能用氢氧化钠调 pH。

（2）2.0wt% STPP（三聚磷酸钠 $Na_5P_3O_{10}$）和 0.8wt% Na-EDTA 混合的高 pH 清洗液（pH 为 10）。它专用于去除硫酸钙垢和轻微至中等程度的天然有机污染物。STPP 具有无机螯合剂和洗涤剂的功能。Na-EDTA 是一个具有螯合性的有机螯合清洗剂，可以有效去除二价和三价阳离子与金属离子。STTP 和 Na-EDTA 均为粉末状。

（3）2.0wt% STPP（三聚磷酸钠 $Na_5P_3O_{10}$）和 0.25wt% SDBS（十二烷基苯

磺酸钠）混合的高 pH 清洗液（pH 为 10）。它主要用于去除重度的天然有机物（natural organic matter，NOM）污染。STPP 具有无机螯合剂和洗涤剂的功能，Na-DDBS 为阴离子洗涤剂。

（4）0.4wt% 盐酸低 pH 清洗液（pH 为 2.5）。它主要用于去除无机物垢（如碳酸钙垢、硫酸钙、硫酸钡、硫酸锶垢等）、金属氧化物/氢氧化物（铁、锰、铜、镍、铝等）及无机胶体。这种溶液要比第（1）种溶液要强烈些，因为盐酸是强酸。可以使用以下浓度的盐酸：27.9wt%、31.4wt%、36wt%。

（5）1.0wt% 亚硫酸氢钠（$NaHSO_3$）高 pH 清洗液（pH 为 11.5）。它主要用于去除金属氧化物和氢氧化物，且可一定程度地扩展至去除硫酸钙、硫酸钡、硫酸锶垢。亚硫酸氢钠是强还原剂，为粉末状。

（6）0.1wt% 氢氧化钠和 0.03wt% SDS（十二烷基磺酸钠）混合的高 pH 清洗液（pH 为 11.5）。它主要用于去除天然有机污染物、无机/有机胶体混合污染物和微生物（菌素、藻类、霉菌、真菌）污染。SDS 是会产生一些泡沫的阴离子表面活性剂型的洗涤剂。

（7）0.1wt% 氢氧化钠高 pH 清洗液（pH 为 11.5）。它主要用于去除聚合硅垢，是一种较为强烈的碱性清洗液。

3.3.3 反渗透法苦咸水淡化展望

1. 反渗透法苦咸水淡化发展前景

反渗透法已经在苦咸水淡化中显示出巨大的潜力和优越性，随着我国最《水污染防治行动计划》的实施，可以预见反渗透苦咸水处理技术和新型苦咸水反渗透膜研制将迎来新的发展机遇。此外，反渗透膜分离技术由于能耗低、脱盐率高、产水水质高，非常适合在农村应用。因此，开发利用膜分离技术淡化苦咸水对解决我国农村饮水安全问题具有十分广阔的前景，但在推广过程中，必须重视膜污染问题，为了延长设备的寿命，反渗透膜组件与超滤、纳滤、微滤、电渗析等膜组件的组合应用显示出了潜在发展势头。

针对性地选用膜技术的联用，合理配置，最大限度地发挥各种膜技术的应用特点，以便延长设备的使用周期，提高淡化的脱盐率、水回收率，降低成本。因此，开发性能完备的集成膜分离技术以及开发膜分离与传统分离技术相结合的新型膜分离过程将是未来反渗透法苦咸水淡化的主要研究方向。同时，还应注重研制功能更加齐备的新式膜材料，改善现今膜材料的各种局限性，使苦咸水淡化更加经济、方便。

2. 反渗透法苦盐水淡化的优势

反渗透膜分离的特点是它的“广谱”分离，即它不但可以脱除水中的各种离子，而且可以脱除比离子大的微粒，如大部分的有机物、胶体、病毒、细菌、悬浮物等，故反渗透膜分离法又有“广谱”分离法之称。反渗透过程的推动力是压力，过程中没有发生相变化，膜仅起着“筛分”的作用，因此反渗透分离过程所需能耗较低。在现有苦咸水淡化中，反渗透法是较节能的。

例如，咸阳国际机场地处渭河之北的底张塬（现为咸阳市渭城区空巷新城底张街道）上，其地下原水中细砂、黏泥含量较大，是高铬高氟的微苦咸水。机场先后采用三种方法处理供水水质。还原沉淀法可以除铬降氟，但同时又使硫酸盐、亚硝酸盐超标。电渗析法可除铬、降氟、脱盐，在短期可达净化、淡化水之目标，但运行两年后，总含盐量去除率由 78.2% 下降到 40.9%，最终产水中铬、氟含量依然超标，而且不能去除水中有机物和细菌。因此机场最终采用反渗透系统。氟化物、六价铬、总硬度和氯化物去除率分别为 96%、93%、99.3% 和 99.5%，对于 NH_3-N、NO_3-N、NO_2-N 等的去除率为 57% ~90%，出水水质符合并优于《生活饮用水卫生标准》(GB 5749—2006)。

3. 反渗透法苦盐水淡化存在的问题及局限性

苦咸水淡化方法很多，按淡化技术发展现状及其实用性，主要有蒸馏法和膜分离法，其中，反渗透膜分离法又因技术成熟和操作简便等优点最为常见。但是，目前，将反渗透系统大规模应用于苦咸水淡化领域仍然有很多限制。

对于反渗透脱盐系统来讲，其最关键的部分就是反渗透膜装置。反渗透系统正常运行，必须要有严格的预处理系统。苦咸水的化学组成与浓度分布受地形地貌、气象、水文地质条件及人类活动等因素的控制。各地区苦咸水形成条件的不同，造成各地区苦咸水的给水水质差异显著，不同水源需要相应的预处理装置。只有满足反渗透进水水质要求的预处理，才能保证反渗透膜的使用寿命，确保脱盐率、回收率和产品水水质稳定。因此，如何合理地选择预处理及如何控制预处理使其出水达到反渗透进水要求尤为重要。

反渗透系统易结垢堵塞，需定期清洗和更换膜成本高。尽管常规预处理已经广泛地应用于苦咸水淡化工艺中，但是受进水水质的影响，常规预处理出水水质不稳定，波动范围较大。同时，经常有胶体和悬浮颗粒物出现在常规预处理产水中，进而造成后续反渗透膜的污堵甚至可能出现不可逆转的膜污染。这就需要对膜进行定期的清洗或更换，使得水处理成本提高。

浓水利用问题有待解决。目前反渗透技术一般的设计回收率为 75%，实际产水率更低，大约会产生 30% 的浓水。若原水是水质非常差的地下苦咸水，浓水产生量会更大，可能达到 50%。当前很多反渗透工艺产生的浓水都不经处理直接排放，造成水资源和能源的浪费，同时对周围的环境造成污染。如何简单有效地合理利用浓水资源，是一项急需解决的难题。

3.4 纳滤法苦咸水淡化

3.4.1 纳滤法苦咸水淡化原理

1. 纳滤概述

纳滤（nanofiltration，NF）是一种介于反渗透和超滤之间的压力驱动膜分离过程，纳滤膜的孔径范围在几个纳米。与其他压力驱动型膜分离过程相比，出现得比较晚。它的出现可追溯到 20 世纪 70 年代末 J. E. Cadotte 的 NS-300 膜的研究，之后，纳滤发展得很迅速，膜组件于 80 年代中期实现商品化。纳滤膜大多从反渗透膜衍化而来，如醋酸纤维素膜、三醋酸纤维素膜、芳香族聚酰胺复合膜和磺化聚醚砜膜等，用于将相对分子质量较小的物质，如无机盐或葡萄糖、蔗糖等小分子有机物从溶剂中分离出来。但与反渗透相比，其操作压力更低，因此纳滤又被称作“低压反渗透”或“疏松反渗透”。纳滤是膜分离技术的一种新兴领域，其分离性能介于反渗透和超滤之间，允许一些无机盐和某些溶剂透过膜，从而达到分离的效果。

2. 纳滤技术原理

纳滤膜与电解质离子间形成静电作用，电解质离子的电荷强度不同，膜对离子的截留率也相应有差异。在含有不同价态离子的多元体系中，由于唐南效应，离子在选择性膜上有道南平衡，膜对不同离子的选择透过性不同，不同价态离子通过膜的比例也不相同。

纳滤过程之所以具有离子选择性，是因为在膜表面或膜内部有带电基团，它们通过静电相互作用，阻碍多价离子透过膜。根据张葆宗（2004）的研究，荷电密度为 0.5 ~ 2meq/g。

为此，我们可用唐南（Donnan）效应加以解释：

$$\eta_j = \mu_j \cdot z_j \cdot f \cdot \phi$$

式中，η_j为电化学势；μ_j为化学势；z_j为被考查组分的电荷数；f为每摩尔简单荷电组分的电荷量；ϕ 为相的内电位，并且具有电压的量纲。

式中的电化学势不同于熟知的化学势，是由于附加了 z_j、f、ϕ 项，该项包括了电场对渗透离子的影响。利用此式，可以推导出体系中的离子分布，以计算出纳滤膜的分离性能。

3. 纳滤膜的基本性能

纳滤膜是荷电膜，能进行电性吸附。在相同的水质及环境下运行，纳滤膜所需的压力小于反渗透膜所需的压力。因此，从分离原理方面讲，纳滤和反渗透有相似的一面，又有不同的一面。纳滤膜的孔径和表面特征决定了其独特的性能，对不同电荷和不同价数的离子又具有不同的 Donann 电位。

NF 膜介于 RO 膜与 UF 膜之间，RO 膜几乎对所有溶质都有很高的脱盐率，但 NF 膜对特定的溶质具有高脱除率，如能脱除一价离子 20% ~80%，能脱除二价离子和多价离子90% ~99%，故当只需部分脱盐时，纳滤是一种代替反渗透的最佳方法。

NF 主要去除直径为 1nm 左右的溶质粒子，截留分子量为 200Da 以上，去除能力为 90% ~99%。在饮用水领域，主要用于脱除三氯甲烷中间体、异味、色度、农药、合成药剂、可溶性有机物，钙、镁等硬度成分及蒸发残留物质。

4. 纳滤膜的特点

纳滤膜是具有选择性分离功能的材料。它与传统过滤的不同在于，膜可以在分子范围内进行分离，并且这是一种纯物理过程，不发生相的变化也无须添加其他药剂。

对阴离子的截留率按下列顺序递增：NO_3^-、Cl^-、OH^-、SO_4^{2-}、CO_3^{2-}；对阳离子的截留率按下列顺序递增：H^+、Na^+、K^+、Mg^{2+}、Ca^{2+}、Cu^{2+}。在分离同种离子时，离子价数相等时，离子半径越小，膜对该离子的截留率越小；离子价数越大，膜对该离子的截留率越大。

与反渗透膜相比，纳滤膜具有可选择性去除单价离子、过程渗透压低、操作压力低、节能降耗等优点。

3.4.2 纳滤系统的设计

1. 预处理系统的设计和选择

为保证纳滤系统稳定可靠运行，需对原水进行严格的预处理。预处理的目的是去除原水中可能对纳滤膜产生污染或导致膜性能衰减的物质。若预处理系统不能发挥作用，有污染物或污染物进入纳滤系统，可能会导致有机物在膜表面堆积；如给水中含有微生物，其繁殖会导致膜污染等各种问题。因此，分析原水的水质特征，设计并选择合适的预处理工艺是非常重要的。预处理可简单分为传统预处理方法和膜法预处理。所谓传统预处理包括絮凝、沉淀、多介质过滤和活性炭过滤等。随着膜分离技术及绿色环保产业的不断发展，微滤和超滤逐步应用于纳滤的预处理系统中，并在部分案例中可替代传统预处理工艺，且具有不可比拟的优势。

传统的预处理可从结垢、胶体污染、微生物污染、有机物污染等几个方面来分类。

1）结垢

结垢是微溶及难溶解性的盐类在膜表面析出固体沉淀，预防结垢的方法是使难溶解性盐类小于饱和值。结垢不仅会发生在膜表面，有时也会发生在系统的管路内部。

纳滤系统析出的垢主要是无机成分，以碳酸钙为主。碱性时会形成包括氢氧化镁等在内的各种难溶解氢氧化物。

（1）碳酸钙、硫酸钙结垢。可采取下述方法预防碳酸钙、硫酸钙结垢：①石灰或石灰-纯碱软化，降低水中 Ca^{2+} 的浓度；②强酸阳离子交换树脂软化或弱酸阳树脂除碱，进行钙的全部或部分脱除；③降低系统回收率；④在进水中投加阻垢剂。

（2）硫酸钡结垢。硫酸钡是溶解性非常低的盐类，硫酸钡对硫酸钙和硫酸锶垢的形成会起促进作用。因此，当进水中存在硫酸钡时，会引起大量的沉淀现象。原水中钡的含量会导致浓水中硫酸钡的沉淀，海水中的钡极限浓度为小于15g/L，苦咸水中钡的极限浓度为小于5g/L，pH 调制酸性时，钡的极限浓度应小于2g/L。预防措施同硫酸钙的预防措施。

（3）氟化钙结垢。如果原水中钙离子浓度较高，当水中氟离子的含量达到0.1g/L，就可能产生氟化钙沉淀。预防措施同硫酸钙的预防措施。

（4）硅结垢。天然水源中溶解性二氧化硅（SiO_2）的含量在 1～100mg/L。过饱和 SiO_2 能够聚合形成不溶性的胶体硅，引起膜表面的结构污染。浓水中的最大允许 SiO_2 浓度取决于 SiO_2 的溶解度。浓水中硅的结垢倾向与进水中的情形不同，这是因为 SiO_2 浓度增加，浓水的 pH 也在变化，这样 SiO_2 的结垢计算要根据原水水质和纳滤系统的回收率而定。如果原水中含有一定量的金属离子（铝或铁等），会导致硅酸盐的形成而改变 SiO_2 的溶解度。因此，如果存在硅，应保证水中没有铝或铁，可通过使用 1μm 的保安滤器去除，同时需采取预防性的酸性清洗措施。

硅的溶解度与 pH 紧密相关，推荐值为 pH 低于 7 或 pH 高于 7.8，加酸或加碱防止硅的结垢，也可以提高水的回收率，但在高 pH 条件下，需防止 $CaCO_3$ 沉淀的产生。

采用热交换器增加进水温度，高分子量的聚丙烯酸酯阻垢剂可以用于增加二氧化硅的溶解度，预防硅结垢。

(5) 磷酸钙结垢。磷元素存在于许多化合物中，在天然水和废水中，含磷化合物的存在形式为颗粒状磷酸盐、正磷酸盐（PO_4^{3-}）。正磷酸盐根据 pH 的不同，其表现形态为 H_3PO_4、$H_2PO_4^-$、HPO_4^{2-} 和 PO_4^{3-}，在中性废水中，主要成分为 $H_2PO_4^-$ 和 HPO_4^{2-}。在给水处理中，磷酸钙结垢的情况较少，但由于目前水资源短缺，市政废水循环利用成为纳滤膜的主要应用领域之一。伴随着这种大规模应用，必须采取措施预防磷酸钙结垢。

磷酸钙和磷灰石在中性或碱性条件下，溶解度低，但可溶解于酸中。磷酸铝和磷酸铁在中等酸性条件下，溶解度也不高。因此，在预处理阶段，铝和铁的去除非常重要，由于磷的化学复杂性，比较难以预测磷酸盐结垢的极限值。

降低磷酸盐结垢，需在降低正磷酸根的同时降低钙离子、氟离子及铝离子的浓度，建议将进水 pH 减低到 6，也可选择适宜的阻垢剂。

2）胶体污染

胶体和颗粒污堵严重影响纳滤元件的性能，如降低系统脱盐率、产水量大幅度下降，胶体和颗粒污染的初期表现为系统压差的增加。

纳滤进水中的淤泥和胶体的来源差异很大，通常含细菌、胶体硅、黏土和铁的腐蚀物。判断纳滤进水胶体和颗粒污染程度的指标为污染密度指数（SDI 值），有时也称为污染指数（fouling index，FI）。它是设计 NF 预处理系统之前应该进行测定的重要指标，同时也是在 NF 日常操作时需定时检测的指标（地表水一般建议每天三次）。淤积指数测定方法在美国试验材料协会（American Society for Testing and Materials，ASTM）标准测试方法 D4189-95 中已做了规定。

(1) 絮凝。絮凝是加入絮凝剂中和胶体粒子表面的电荷，使得胶体粒子间的排斥力变弱，微粒子之间聚集的结果。其去除机理为：①带正电荷的金属离子与带负电荷的有机物胶体电中和而脱稳凝聚；②金属离子与溶解的有机物分子形成不溶型复合物沉淀；③有机物在金属氢氧化物表面的物理化学吸附或分子引力吸附。

影响絮凝的因素，与絮凝剂的添加量直接相关，也与 pH、搅拌条件、共存粒子以及水温等有关。

(2) 多介质过滤。多介质过滤器可以除去颗粒、悬浮物和胶体，当水流流过过滤介质的床层时，颗粒、悬浮物和胶体会附着在过滤介质的表面。过滤出水水质与固体颗粒大小、过滤介质的粒径、表面电荷、原水水质和操作条件等相关，多介质过滤器产水 SDI≤5。

最常用的过滤介质是无烟煤和石英砂，无烟煤过滤器颗粒有效直径为0.7～0.8mm，细砂过滤器石英砂颗粒直径为0.5～1.0mm，当采用无烟煤和石英砂的双介质过滤器时，其允许悬浮物等杂质进入过滤层内部，产生更有效的深层过滤而延长清洗间隔。过滤介质的最小设计高度为800mm，在双介质过滤器中，滤料分布通常为400mm高的无烟煤和500mm高的石英砂。过滤器可分为两种形式，即重力过滤和压力过滤。压力过滤器筒体耐压程度高，可用较高的过滤床层、较精细的过滤介质粒径和较高的过滤滤速，设计过滤流速通常取值10～20m/h，反洗流速40～50m/h。对高污染水源（如废水、地表水或受污染的井水），需降低过滤滤速至小于10m/h（一般为6m/h）或采用二级介质过滤器。操作运行过程中，原水从过滤器上层进入，先通过粗滤料再通过细滤料，进入底部的集水系统。当过滤器进出口压差增大（0.3～0.6bar）时，需对过滤器进行反冲洗，反洗时间为10～15min，大直径的滤器必要时需设置辅助气源擦洗，这样能有效地去除滤料颗粒上黏附的杂质颗粒物。

（3）活性炭过滤。活性炭可以用来吸附溶解性有机物以及游离氯和臭氧等氧化剂，可有效防止对纳滤膜元件的有机污染。活性炭作为纳滤膜系统预处理已被广泛利用。使用方法及运行方式同多介质过滤。

（4）微絮凝过滤。微絮凝过滤是将絮凝剂与原水注入快速混合器，并立即进行搅拌，在水中形成细小的微絮凝体之前，不经澄清就将此含有微絮凝体的水注入过滤设备。这些微絮凝体随水渗到滤层内，并同时进行絮凝和过滤，滤层的截污能力就能得到最大化的发挥。

迅速的分散和混合絮凝剂十分重要，建议将注入点设在增压泵的进口段或采用静态混合器，加药量通常为10～30mg/L，具体项目的加药量根据实验确定。为了促进胶体颗粒间的架桥，提高絮凝剂絮体的强度从而改进絮凝过滤效果，可单独使用絮凝剂，也可助凝剂与絮凝剂一起使用。助凝剂为可溶性的高分子有机化合物，通过不同的活性功能团，可能表现为阳离子性、阴离子性或中性非离子性。絮凝剂和助凝剂的使用可直接或间接地影响纳滤膜性能。絮凝剂本身通过影响膜导致通量的下降，属于直接影响，间接影响的结果是反应产物形成沉淀并覆盖在膜面上。在高 pH 条件下使用铁或铝絮凝剂，在纳滤阶段会因进水浓缩诱发过饱和现象从而产生沉淀。

为消除 NF 膜直接和间接的干扰影响，需对絮凝剂和助凝剂的添加量加以控制，避免过量添加。

（5）氧化–过滤。天然水源及某些井水呈还原态，主要是含有二价的铁和锰，有些含硫化氢和氨。当水中含氧量超过5mg/L时，或对这类水源进行氧化处理，Fe^{2+}被氧化成Fe^{3+}，形成难溶性的胶体氢氧化物颗粒。铁和锰的氧化反应如下：

$$4Fe(HCO_3)_2+O_2+2H_2O = 4Fe(OH)_3+8CO_2$$

$$4Mn(HCO_3)_2+O_2+2H_2O = 4Mn(OH)_3+8CO_2$$

处理这类水源有两种方法：①防止其在整个NF过程中与空气和任何氧化剂，如氯的接触。低pH有利于延缓Fe^{2+}的氧化，当pH<6、氧含量<0.5mg/L时，最大允许Fe^{2+}浓度为4mg/L。②用空气、Cl_2或$KMnO_4$氧化铁和锰，将所形成的氧化物通过多介质过滤器去除，但由硫化氢氧化形成的胶体硫难以去除，在介质过滤器内添加氧化剂通过电子转移氧化Fe^{2+}，即可同时完成氧化和过滤。当原水中含Fe^{2+}的量小于2mg/L时，可以采用氧化过滤的方式，如原水中Fe^{2+}的量大于2mg/L，可在过滤器进水前连续投加高锰酸钾（$KMnO_4$），但需注意的是，必须采取安全措施（如增加活性炭过滤器），以确保高锰酸钾不进入膜元件内。

（6）微滤或超滤。同絮凝、沉淀以及砂滤比较，微滤（MF）或超滤（UF）出水水质稳定，设备操作及管理相对简单，环保绿色。一般情况下，采用MF/UF作为NF的预处理，产水可以达到浊度小于1NTU、SDI小于3。微滤或超滤可以大幅度拦截原水中的悬浮颗粒、胶体；且原水中的细菌、病毒、藻类及一些有机物也被截留，可以减轻NF污染并降低NF负荷。MF/UF截留水中的污染物及胶体后，需要定期清洗以恢复性能。MF/UF通常采用耐氯材料，在运行一段时间后，需定期进行正向冲洗或逆向反洗等物理清洗，以及采用酸、碱、次氯酸钠等化学药剂进行恢复清洗，去除被拦截在MF/UF膜上的污染物，恢复其膜性能。在进水水质较差时，MF/UF膜丝物理强度及化学耐受性的要求会更为突出。目前MF/UF膜丝的材质大多为聚偏氟乙烯（PVDF）。这一原料生产的经亲水改性的增强型PVDF膜丝，同时外压式的过滤方式也保证其较低的预处理要求和更好的纳污性能，结合反洗和气擦洗等运行工艺，可保证UF膜元件的稳定运行和较好的产水水质，可以使后续的NF系统稳定运行。需要注意的是，在采用UF或MF作为NF的预处理时，需严格控制药剂的投加量，以免影响后续NF系统的运行。

（7）保安过滤。为了防止管路和中间水箱带入污染物，通过预处理的水在进入纳滤系统之前通常设置保安过滤器。它对膜和高压泵起保护作用，通常是作为预处理的最后一道工序，预处理的好坏与NF膜所需的清洗频率直接相关。当浓水中的硅浓度较高，超过理论溶解度时，建议滤芯孔径选择1μm，以降低硅与铁和铝胶体的相互作用。滤芯式滤器必须按滤芯的过流量选择，在压降超过允许限值时及时更换滤芯，滤芯的更换频率一般不超过三个月。定期检查用过的滤芯可获得污染危险警报和需要清洗的有关信息。如果保安过滤器压差增加过快，表示预处理过程或水源可能出现问题，在采取对策之前，保安过滤器仅起到短暂保护作用，需及时检查预处理状况及水质监测等活动。需要注意的是，保安过滤器也可能会成为微生物的污染发生源，因此，保安过滤器需要定期清洗和杀菌。

3）微生物污染

（1）微生物污染的特征。纳滤系统给水中的微生物会在膜表面沉降、凝结形成一层生物膜。如果生物膜的厚度超过了一定的界度就会形成微生物污染，从而会使原水侧的通道阻力增大，原水和浓水之间的压力差增加。同时，微生物膜阻挡，会使系统运行的有效压力相应降低，从而会导致系统脱盐率的下降。现用的消毒方法均含有氧化性物质，适用于纳滤系统前面的设备和管道。因此，消毒处理后，必须清洗所有管路，确保无氧化性物质残留后，给水才能流入纳滤系统。

（2）杀菌消毒。具体包括：①药品杀毒。药品杀毒主要包含氯消毒、二氧化氯消毒、氯氨消毒和臭氧消毒几种方式。被臭氧处理过的水，如果含有溴化物则会生成次溴酸根离子，进而生成溴酸根离子。溴酸根离子被确认有致癌性，为回避风险不推荐使用臭氧杀菌。②紫外线杀菌。和使用氯等的药剂杀菌不同，采用紫外线杀菌完全没有药剂残留，也没有副产物生成的影响。但消毒效果也会依据作用对象的不同而不同。

4）有机物污染

芳香族聚酰胺复合膜是含有苯环的有机物，通常显负电性。带正电的有机物即使在低浓度时，也会吸附在膜的表面造成膜污染，从而导致水通量急剧下降。表面活性剂中非离子型和两性的物质对膜性能的影响也非常严重。普通的药剂清洗很难恢复膜性能。家用清洁剂因含有表面活性剂，在装填膜元件时禁止作为润滑剂使用。油脂类物质、部分天然有机物等也会对膜元件造成严重的污染，需在纳滤系统的预处理过程中尽量去除干净，以免造成后续纳滤系统的膜污染。

2. 纳滤膜元件的选择

纳滤过程的关键是纳滤膜，目前采用的纳滤膜多为芳香族及复合纳滤膜。对于复合膜，可以对起分离作用的表皮层和支撑层分别进行材料和结构的优化，可获得性能优良的复合膜。膜组件的形式有中空纤维、卷式、板框式和管式等。板框式和管式膜组件清洗非常方便、耐污染能力强，但膜的填充密度很低、造价较高。卷式膜组件的填充密度高，造价低，组件内流体力学条件好；但是膜组件的制造技术要求高，密封非常困难，使用过程中抗污染能力较差，对原水的预处理要求很高。中空纤维膜组件具有耐污染、填装密度高、机械强度大、可反冲洗等优点，应用面更广泛。近些年来，中空纤维纳滤膜研究与开发已受到越来越多的关注。但在市场上，卷式膜仍是主要的商品化纳滤膜。造成这一现象的主要原因是常用的中空纤维纳滤膜的制备方法多为直接纺丝法和复合法，制备条件苛刻，制备工艺复杂，限制了中空纤维纳滤膜的生产及应用。甘肃省膜科学技术研究院引进新加坡国立大学中空纤维纳滤膜多层复合膜一步成型膜制备技术，制备出了高抗氧化性、耐污染的中空纤维纳滤膜，增加了膜的使用寿命，降低了综合应用成本，具体性能如何尚待大规模应用考证。

纳滤膜元件的选择依据纳滤膜的性能来确定，主要有以下几个性能：去除水的部分硬度、去除地下水中的硝酸盐、去除天然有机物（NOM）和合成的有机物（synthetic organic compound，SOC）、脱色和去除总有机碳（TOC）。

3. 纳滤系统工艺设计及优化

（1）在纳滤系统工艺设计中，需考虑进水水源、水质，进水和产水流量以及所需的产水水质。完善的原水水质资料是纳滤系统设计的基础。

（2）选择系统运行方式和级数。纳滤系统的处理与操作有连续处理、分批处理和半分批处理。连续处理为连续操作，处理系统内的条件保持恒定，即系统中的每一支膜元件的运行条件不随时间变化。分批处理为不连续操作，即供水不足或不连续时。可将供水收集于水箱中，再加以处理，最后余下的浓缩液留在水箱中，使其排出后，再进行下一批新供水的注入。半分批处理操作是对分批处理操作的改良，在操作运行过程期间，不断向原水水箱注入原水，待水箱内浓缩液装满后，分批处理即停止。

多级处理（两级）系统是两个传统 NF 系统的组合工艺，第一级的产水作为第二级的进水，每一级既可以单段或也可以多段，可串联或浓液再循环。

（3）膜元件的选择。根据进水含盐量、进水污染可能、产水水质要求、产水量和能耗要求来选择膜元件，当系统产水量大于 10gpm①（约为 2.3m^3/h）时，选用直径为 8 英寸、长度为 40 英寸的膜元件，当系统较小时则选用小型元件。

（4）膜平均通量和回收率的确定。根据原水水质和对产水水质的不同要求，确定单位面积的产水通量和回收率。平均通量设计值是基于现场试验数据、以往的经验或参照设计导则所推荐的典型设计通量值选取的。回收率的设定需考虑原水中含有的难溶盐的析出极限值。一般情况下，单位面积产水量和回收率设计不宜过高也不宜过低，如设计过高，发生膜污染的可能性会大大增加，造成产水量

① gpm 为美制加仑单位 gal/min，其中 1gal（US）= 3.78543L。

下降，清洗膜系统的频率增多，维护系统正常运行的费用增加；如设计过低，会导致系统的高造价及能源的浪费。因此，进行纳滤系统设计时，在允许的条件下，选择最佳的产水通量和回收率，可稍有余量。

（5）计算所需的理论膜元件数量。当确定了设计产水通量 J 和产水量 Q_P 时，用产水量设计值除以设计产水通量，再除以所选的膜元件面积 S，就可以得出理论膜元件数量，公式如下：

$$N_e = \frac{Q_P}{J \times S}$$

式中，Q_P 为产水量，m^3/h；J 为单位面积产水通量，L/h；S 为膜元件面积，m^2；N_e 为理论膜元件数量，支。

（6）计算所需的压力容器数。膜元件数量 N_e 除以每支压力容器可安装的元件数量 V_e，就可以得出整数的压力容器的数量 N_V。

$$N_V = \frac{N_e}{V_e}$$

通常，大型系统选用 6 ~ 7 芯装的压力容器，最长的压力容器可以做到 8 芯装；小型或紧凑型的系统，则选择较短的压力容器，对于仅含有一支或几支元件的小型系统，一般设计为串联排列和部分浓水回流，以确保膜元件进水与浓盐水流道的流速。

（7）段数的确定。通常系统越长，即串联元件的数量越多，则系统回收率会越高，压力容器串联的数量就决定了段数，而每一段都由几个压力容器并联组成，段的数量是系统设计回收率、每一支压力容器所含元件数量和进水水质的函数。例如，12 支元件串联在一起，可采用两段系统，即第一段使用 4 支 6 元件外壳，第二段使用 2 支 6 元件外壳的系统。通常串联元件的数量与系统回收率和段数的关系见表 3-5。

表 3-5　膜元件串联的数量与系统回收率和段数（纳滤）

系统回收率/%	串联元件的数量/支	含 6 支膜元件压力容器的段数
40 ~ 60	6	1
70 ~ 80	12	2
85 ~ 90	18	3

若采用浓水循环方式，单段式系统也可以达到比较高的回收率。

（8）排列比的确定。排列比是指相邻段压力容器的数量之比，如两段式的系统，第一段为 6 支压力容器，第二段为 3 支压力容器所组成的系统，排列比为 2∶1；三段式的系统，第一段、第二段和第三段分别为 4 支、3 支和 2 支压力容器时，其排列比为4：3：2。当采用常规6元件外壳时，相邻两段之间的排列比通常接近2：1，如果采用较短的压力容器时，可排列三段，如4：3：2。确定压力容器排列的另一个重要因素是第一段的进水流量与最后一段每支压力容器的浓水流量，根据产水量和回收率确定进水和浓水流量。

(9) 系统的优化。每个膜元件生产商都有各自的计算机设计软件。对设计导则规定的各膜元件对应的最大给水压力、最高给水温度、回收率、水通量、最大给水流量、最小浓水流量等多个设计指标均设置了限定报警。可根据设定的单位面积产水通量、回收率、水温变动范围研究讨论膜组件的排列方式，设计计算压力、流量。也可随时在软件计算中改变膜元件的数量、种类及其排列，使系统设计达到最佳使用条件。

4. 纳滤系统运行维护与保养

1）系统运行

保证纳滤膜系统长期稳定运转的关键是正确的系统操作和维护管理，包括系统的首次投运、日常开停机操作及膜元件污堵、结垢、膜通量衰减的预防。这些方面关乎设计的合理性、制造、安装调试、操作培训和日常运转管理时的各种细节。为确保运行过程的追溯性，需保存运行记录并进行数据的标准化，以便及时掌控纳滤系统实际性能，在运行过程中可实时调整系统参数确保系统高效稳定运行。运行过程中的完整、准确记录是系统维保的重要依据。

(1) 首次启动顺序。纳滤系统的启动方式与投运对系统稳定运行极为重要，必须杜绝因超极限的进水流量和压力或水锤对膜的损坏。按照正确的开机顺序操作，确保系统操作参数接近或达到设计参数，系统产水水质和产水量达到设计目标。启动过程中的重要内容是测量系统初始性能，运行结果进行存档并具有追溯性，可作为系统运行过程中衡量系统性能的基准。

系统进入启动程序前，首先完成膜元件的装填、仪表的校正、预处理的调试和其他系统的检查，常规启动顺序如下：①系统开机启动前，按开机前检查事项的内容逐项检查，在确保原水不会进入元件内的前提下，彻底冲洗原水预处理部分，冲掉杂质和其他污染物，防止进入高压泵和膜元件，检测预处理出水 SDI_{15} 值是否合格，保证进水不含余氯等氧化剂。②各种仪表按需要投入运行。③各加药单元计量泵投入运行。④检查所有阀门并保证所有设置正确，系统产水排放阀、进水控制阀和浓水控制阀必须完全打开。⑤用低压、低流量合格预处理出水赶走膜元件和压力容器内的空气，冲洗压力为0.2～0.4MPa，每支4英寸压力容器冲洗流量为0.6～3.0m^3/h，每支8英寸压力容器冲洗流量为2.4～12.0m^3/h，此时新膜中的保护液也一并冲出来，冲洗过程中的所有排水均放水至下水道。

⑥在冲洗操作中，检查所有阀门和管道连接处是否有漏水点，如有则需紧固或修补漏水点。⑦安装有湿膜的系统至少冲洗 30min 之后关闭膜进水阀。安装有干膜的系统，应连续低压冲洗 6h 以上或先冲洗 1 ~ 2h，浸泡过夜后再冲洗 1h 左右。在低压低流量冲洗期间，在预处理部分不允许投加阻垢剂。⑧启动高压泵。避免对膜系统超流量超压力冲击十分重要，因此在高压泵启动后，应缓慢打开高压泵出口进水控制阀，均匀升高浓水流量至设计值，升压速率应低于 0. 07MPa/s（约为 10ppsi①）。⑨在缓慢打开高压泵出口进水控制阀的同时，缓慢地调整浓水控制阀，以维持系统设计规定的浓水排放流量，同时观察系统产水流量，直到产水流量达到系统设计值，直至满足设计的进水流量和回收率，检查系统运行压力，确保不超过设计上限，同时调节各种药剂加药量至稳定。⑩测定进水、产水 pH 并检查所有化学药剂投加量是否与设计值一致，如阻垢剂、酸和亚硫酸氢钠等。⑪系统达到设计条件时，检查各段压力、进水总流量、浓水流量和淡水流量。检查浓水朗热利耶指数（Langelier index）或斯迪夫-戴维斯稳定指数（Stiff and Davis stability index，S&DSI），这些指数可由测量浓水 pH、电导率、钙硬度和碱度并经适当的计算求得。⑫检测每一支压力容器产水电导率，分析对应的压力容器是否符合预期性能，判断是否存在膜元件和压力容器“O”形圈的泄漏或其他故障。⑬确认机械和仪表的安全装置操作合适。让系统稳定运行后（大约连续运行 1h），记录第一组所有运行参数。产水合格后，先打开合格产水阀然后关闭不合格产水排放阀，转向正常，纳滤装置开始正常制水。⑭手动操作模式下将上述运行系统参数调节到设计值，待系统稳定后将系统转换成自动运行模式。⑮在连续运行 24 ~ 48h 后，查看所有记录的运行数据，包括给水压力、压差、温度、流量、回收率及电导率等，同时对进水、浓水和产水取样并分析测试。⑯比较设计参数与系统实际性能参数。⑰在系统投运第一周内，应定期测量系统数据及性能，确保系统在该初始投运重要阶段处于设计合适的性能范围内。

（2）系统运行的调整。①纳滤装置正常的运行方式是产水水量及水质稳定，达到设计的回收率。若水温的变化、结垢或膜的污染导致产水量下降，可调整给水压力来增加产水量。但系统运行不允许污染和结垢太严重，即调整后压力不能超过原设计压力的 10%。②如给水水质有变化，当给水含盐量过量增加时，为避免膜表面的浓差极化加剧，可采取降低回收率的方式，以免造成膜的结垢和污染。③通常纳滤膜设计水量是设计生产需要最高量。当正常运行不需要最高流量时，为避免频繁开停设备而降低膜的使用寿命，可采取设置产品水箱、降低进水压力、产品水循环等方式。

---

① $1\text{ppsi}=6.89476\times10^{3}\text{Pa}$。

（3）运行管理。所有与系统有关的设计、运行和维护资料都需收集、记录和建档以便追踪纳滤系统的性能。运行数据记录，可用于纳滤系统性能运行稳定的追溯，还可用于发现并排除故障。运行记录主要包括预处理运行参数记录、膜系统运行参数记录、维修保养记录及运行数据整理分析。现场操作参数的记录保存需视当时情况而定。

2）系统停机

纳滤膜系统停机后，需用产品水冲洗整个纳滤膜系统，将高含盐量的浓水从压力容器和膜元件内置换出来，检测浓水电导率，直到浓水出水电导接近进水电导。冲洗压力在约 3.0bar 低压下进行，高流量有利于提高冲洗效果，但需控制压力容器两端的压差不能超过最高规定值。冲洗结束之后，完全关闭进水阀。

（1）纳滤系统的停运保护。纳滤装置停用保护的目的是：①避免微生物的滋生和污染；②防止膜表面因盐类的析出而结垢，导致膜性能下降。

当系统必须停运 48h 以上时，需注意：①防止膜元件干燥，元件干燥后会出现产水量的不可逆下降。②采用适宜的保护措施防止微生物滋生，对整个系统进行低压冲洗。③冲洗结束后，在系统中充满冲洗水的情况下关闭冲洗系统进水和排水阀门，关闭冲洗水泵。④低温条件下，每 24h 进行定期冲洗。当水温高于 20℃时，每天冲洗至少 3 次。⑤应避免系统受极端温度的影响。当系统暴露在阳光下，水温超过 45℃，需连续进行冲洗或每 8h 启动运行 1～2h。

在不实施任何防止微生物生长保护措施的情况下，膜系统的最长停运时间为 24h，如果无法做到每隔 24h 冲洗一次但又必须停运 48h 以上时，必须采用化学药品进行封存。

（2）系统保存。纳滤膜系统在停机保存前应进行一次化学清洗。清洗步骤如下：①配制温和碱性清洗液（pH=11），清洗时间 2h。②进行杀菌。③短时酸洗。如果原水中不含结垢和金属氢氧化物成分，可以不进行酸性清洗。

清洗和杀菌后保存步骤如下：①将元件浸泡在 1%～1.5%（wt）亚硫酸氢钠保护溶液中，把压力容器内的空气全部驱除，将亚硫酸氢钠保护液采用循环溢流方式循环，使亚硫酸氢钠保护液在最高压力容器开口处产生溢流，这样可以使系统内的残留空气达到最少。②确保亚硫酸氢钠不被空气氧化而使保护液失效。需关闭所有阀门，使系统隔绝空气。③定期检查保护液的 pH（每周一次），若 pH 低于 3 时，则需要更换保护液。④定期更换保护液（至少每月更换一次）。⑤在停机保护期间，系统环境温度不得超过 45℃。确保系统处于不结冰状态，低温条件有利于停机保护。

（3）纳滤系统的清洗。水处理系统进水中存在各种可导致纳滤膜表面污染的物质，如水合金属氧化物、含钙沉淀物、有机物及生物。

引起膜系统污垢因素：①预处理方式不当；②预处理系统不完善；③预处理运行不正常；④给水系统选材（泵和管线等）不合适；⑤预处理加药系统不正常；⑥停机后冲洗不及时或不充分；⑦操作控制（如回收率、产品水水通量、给水流速等）不当；⑧长期运行中膜表面累积沉淀物（钡和硅垢等）；⑨给水水源或其他条件改变；⑩进水受生物污染。

（4）纳滤系统污垢种类分析方法。在清洗之前需先分析膜表面的污垢种类，分析方法如下：①分析原水组成，经过分析原水水质报告，分析发生污垢的可能性；②纳滤装置和系统配置的合理性；③检查前几次的清洗效果；④分析测定SDI值的微孔滤膜膜面上截留的污物；⑤保安滤器滤芯上的沉积物的分析；⑥检查原水进水管内表面及膜元件的进出水端面污垢的颜色及形状，如为红棕色，则表示可能发生铁的污染，泥状或胶状沉积物可能是微生物或有机物污染。

（5）纳滤系统清洗方式。膜元件受到污染后，通过清洗可恢复膜元件的初始性能。清洗的方式一般有两种，即物理清洗（冲洗）和化学清洗（药品清洗）。物理清洗方式是不改变污染物的性质，用水力措施从膜元件中去除污染物，恢复膜元件初始性能。化学清洗是使用化学药剂（酸、碱或其他），改变污染物的属性，来恢复膜元件初始性能。吸附性低的颗粒状污染物，可以通过冲洗（物理清洗）的方式去除膜表面污染物，但是有机物、生物污染，由于这种污染物对膜的吸附性强，冲洗的方法很难去除膜表面的污染，这种污染需要采用化学清洗以恢复膜元件初始性能。因此，针对不同的污染，需采取相应不同的清洗方法，清洗效果会比较理想。

（6）物理冲洗。物理冲洗是采用低压大流量的进水冲洗膜元件，附着在膜表面的污染物或堆积物会随水流被冲走。装置运行时，颗粒污染物逐渐堆积在膜表面，物理冲洗时流速大于正常运行时的流速。通过低压、高流速的方式，可以增加水平方向的剪切力，把污染物从膜元件中冲洗干净。根据设备运行情况，定期进行系统冲洗。增加冲洗的次数可减少化学清洗的次数。冲洗的频率建议一天一次。用户可根据设备运行具体的情况来确定冲洗的频率。

（7）化学清洗。清洗条件：纳滤系统的运行过程中，无机盐垢、微生物、胶体颗粒和不溶性的有机物质会在纳滤膜元件内慢慢累积造成膜污染加重，继而导致系统产水流量和系统脱盐率下降、产水水质恶化以及膜系统操作压力增加。当出现下列情况时，需要清洗膜元件：①系统产水量降低10%以上；②进水和浓水之间的标准化压差上升了15%。

以上的标准（基准）比较条件是系统新膜经过最初24～48h运行时的操作性能。如果进水温度降低，元件产水量也会下降，温度每降低1℃，系统产水量降低约3%，这种现象不是膜污染的原因。预处理不当、压力控制失常或回收率的增加都会导致产水量的下降或透盐量的增加。因此，当出现水量水质下降或压差升高时，应先观察系统是否出现其他问题，确定系统运行正常确实需要化学清洗时，再考虑系统化学清洗。

化学清洗的频率：纳滤膜如果不及时清洗，拖延太久，会因化学药剂不易深入渗透至污染层，且污染物也不易被冲出膜外等因素而影响清洗效果，就很难彻底清洗干净。如膜元件的性能降至正常值的30% ~50%，再进行化学清洗，就很难恢复到膜系统初始性能。

膜的清洗周期可根据现场实际污染情况来定。一般的清洗周期为 3 ~ 12 个月。如果清洗周期小于 3 个月，就需要调整和优化现有系统的运行参数；如清洗周期小于 1 个月，需要研究改进预处理（如追加投资或重新设计膜系统）；如系统长期没有发生污染，为了保证系统正常运行，一般需要 6 个月化学清洗 1 次。

清洗药剂的选择：清洗过程中不同污染物应采用不同的清洗药剂，膜污染发生时通常不是只有一种污染物而是有几种或几种以上污染物。膜系统的清洗通常由酸性和碱性清洗剂来完成，酸性清洗剂可用于去除包括铁污染在内的无机污染物，而碱性清洗剂可用于清洗微生物、油类等有机污染物。因此，一般常规化学清洗需要高 pH 清洗和低 pH 清洗两个步骤。先采用高 pH 清洗液清洗油类、微生物等有机污垢类，然后再用低 pH 清洗液清洗无机垢类或金属氧化物。硫酸一般不用作清洗剂是因为使用硫酸会引起硫酸钙沉淀沉积。清洗液的配制建议采用膜系统的产水，酸性清洗液的 pH 约为 2，碱性清洗液的 pH 约为 12。

清洗单段系统采取如下七个步骤清洗膜元件：①清洗系统的准备。②配制清洗液。③低流量输入清洗液。先用清洗水泵将清洗液混合，以低流量、低压力将清洗液置换管道、元件内的原水。其压力大小以不产生明显的渗透产水为宜，置换过程将管道、元件内原水排放掉。④循环。原水置换结束后，管道、元件中充满了清洗液，将清洗液循环回清洗水箱。⑤浸泡。关停清洗泵，使膜元件完全浸泡在清洗液中。膜污染不严重，膜元件浸泡 1h 即可。如膜污染严重或有顽固的污染物，延长浸泡时间至 10 ~ 15h，间隔 2 ~ 3h 采用低流量循环清洗液一次。⑥高流量水泵循环。浸泡结束后，高流量循环 30 ~ 60min。⑦冲洗。清洗完毕后，排掉清洗液，用系统产水或预处理的合格产水冲洗系统内的残留液，用 pH 试纸或电导率仪测定，冲洗干净为止，纳滤装置处于备用状态。如清洗工艺需要两种药剂来完成洗膜，则需换另一种药液重复上面过程。

3.4.3 纳滤法苦咸水淡化发展前景

1. 发展前景

纳滤膜分离技术作为一种膜分离技术和分离手段，在新型的膜分离过程中具有很高的潜在应用价值。纳滤膜对溶液中分子量为几百的有机小分子具有分离性能，并且具有操作压力低、溶液通量大等特点。纳滤膜分离技术存在着众多的优越性，随着新型膜材料的开发和新型工艺的研究，其制膜成本、处理费用也将大幅度下降，在不久的将来，作为一种水处理关键技术的纳滤技术将在各个领域起到重要作用，尤其可用于落后地区苦咸水淡化中，可解决运行能耗高、运行成本高等问题，使纳滤苦咸水淡化技术实现产业化，在农村安全饮水、工业生产用水、锅炉补水等方面实现应用，因其具有不可比拟的优势，必将会有广阔的发展前景。

2. 纳滤法苦咸水淡化的优势

纳滤膜主要用于脱除三氯甲烷中间体、异味、色度、农药、合成洗涤剂、可溶有机物等致病因子以及苦咸水中的钙、镁等离子成分，有较高的膜通量，可以截留有机及无机污染物，而对人体必需的一些离子又有较大的透过率。与反渗透相比，纳滤操作压力低，且产水中能保留适量盐分，原水利用率高，能满足苦咸水淡化的要求，在高压泵等设备及工艺管路的固定投资及运行电耗方面占优势。因此，与其他膜分离技术相比，纳滤膜应用于饮用水的深度净化及苦咸水淡化领域具有较大的优势。

3. 纳滤法苦咸水淡化存在的问题及局限性

纳滤膜具有特殊截留性能，其已经在废水处理、饮用水净化、苦咸水淡化等领域获得了应用。然而，纳滤还有许多方面需要进一步的改进，如提高纳滤膜的截留精度和耐溶剂性、耐酸碱性、耐氯性与抗污染性。目前还存在膜通量较小、制膜成本较高、膜系统造价高等问题，在纳滤膜的制备、表征和分离机理方面，还有大量的技术问题需要解决，这使纳滤在实际应用中受到约束。尚需要开发廉价而性能优良的膜，因此，改进制膜工艺、开发新型功能高聚物膜材料，制备耐氧化、耐游离氯和抗污染性复合膜，并提供给用户各种准确的膜性能参数，这些都是纳滤技术在苦咸水处理及其他应用中的关键。

3.5 膜蒸馏法苦咸水淡化

3.5.1 膜蒸馏原理

1. 膜蒸馏历史由来

膜蒸馏（membrane distillation，MD）技术是传统蒸馏技术与膜分离技术相结合形成的一种膜分离技术，可用于溶液的分离、浓缩和纯化。膜蒸馏过程最早是在 1963 年被 Bodel 提出来的用疏水膜孔蒸发出干净饮用水的技术，并申请了 MD 技术的第一篇专利。Findley（1967）正式发表了关于 MD 的第一篇文献报道并进行了 MD 技术的相关实验。由于当时没有适用于 MD 技术的膜材料，在制作隔离膜过程中只能凭借已有的简单材料进行，如树胶木板、石棉纸、纸板、玻璃纸、玻璃纤维及防水掺和物等，膜蒸馏效率不高。直到 20 世纪 80 年代初，随着高分子膜材料技术的发展，以及太阳能及新型热泵技术的发展，MD 开始展现出了巨大的市场实用潜力。美国的 Gore 于 1982 年发表了一篇名为“*Gore-Tex Membrane Distillation*”的论文，标志着对于 MD 的研究又上了一个新的台阶，从此以后，关于 MD 研究的报道也越来越多（吴庸烈，2003）。

2. 膜蒸馏定义

膜蒸馏技术是将膜分离技术与蒸馏技术相结合的一种膜分离技术，挥发性的组分可以透过疏水膜微孔，而在液相中非挥发性的组分则不会透过疏水膜微孔，从而实现物质的分离或纯化的目的。膜蒸馏过程原理示意图如图 3-46 所示。

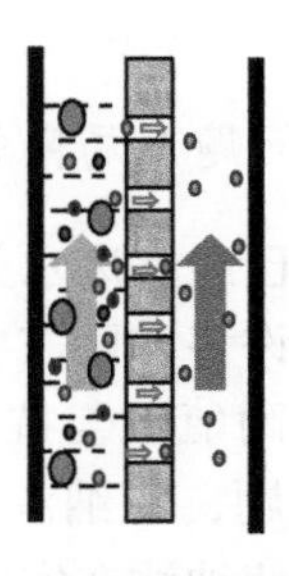

图 3-46　膜蒸馏过程原理示意图

传统意义上的膜蒸馏过程，是利用疏水膜两侧可透过组分的蒸汽分压差，使热侧料液的水分子蒸发汽化，透过疏水膜孔以实现传质，液体则在界面张力的作用下不能透过疏水膜，从而实现料液的分离与浓缩目的。膜蒸馏过程是有热相变的膜过程，膜蒸馏分离过程中会同时存在传热过程和传质过程，膜通量的主要控制因素则是热传导过程。

1986 年 5 月，意大利、荷兰、日本、德国和澳大利亚等国的膜蒸馏专家在罗马举行了膜蒸馏专题讨论会。该会议规范了关于膜蒸馏的专用术语，大会决定以膜蒸馏正式命名这一膜分离过程，并确认膜蒸馏过程需要满足以下几点特征（Smolders and Franken，2017）。

（1）所用的膜为疏水微孔膜。

（2）膜不能被待处理的液体润湿渗漏。

（3）只有水蒸气才能透过膜孔进行传质。

（4）所用膜不能改变待处理液体中各个组分的气-液平衡。

（5）膜至少有一面与待处理液体相接触。

（6）膜蒸馏过程的传质动力是待分离组分在疏水膜两侧的蒸汽分压差。

3. 膜蒸馏技术特点

膜蒸馏技术的独特优势是不仅可以在膜的透过侧得到高纯水，而且在浓水侧可以得到固含量很高甚至接近饱和的高度浓缩水。

膜蒸馏较于常规蒸馏过程的优点如下。

（1）在膜蒸馏过程中蒸发区与冷凝区十分靠近，其间隔仅仅是膜的厚度，但蒸馏液不会被料液污染，所以与常规蒸馏相比，膜蒸馏具有较高的蒸馏效率，并且蒸馏液也更纯净。

（2）在膜蒸馏过程中，液体直接与膜相接触，最大限度地消除了不凝气的干扰，因此不需要复杂的蒸馏设备。

（3）蒸馏效率与料液的蒸发面积相关，膜蒸馏过程可以在有限的空间内提供更大的蒸发面积，由此可以提高蒸馏效率。

（4）膜蒸馏过程中不需要把溶液加热到沸点，只要维持膜两侧适当的温度差就可以进行，并且膜蒸馏过程可以利用太阳能、地热、温泉、工厂废热等廉价或低品位热源。

膜蒸馏较于其他膜过程的优点如下。

（1）膜蒸馏过程中只有蒸气能透过膜孔，对离子、大分子、胶体及其他非挥发性物质能达到近乎 100% 的截留。

（2）膜蒸馏过程可以实现高倍率浓缩，用以处理高浓度的水溶液，如果溶质是容易结晶的物质，则可以把溶液浓缩到过饱和而出现结晶现象。膜蒸馏是目前唯一能从溶液中直接分离出结晶产物的膜过程。

伴随着更多种疏水膜材料被发现以及膜蒸馏过程的深度研究，膜蒸馏技术在水处理领域对于废水的深度浓缩的应用潜力也日益凸显，并成为膜分离技术领域的关注热点。膜蒸馏技术的特点是，可以利用低品位的废热、太阳能等可再生能源。目前膜蒸馏技术总体处于中试研究状态，尚未开展大规模工程化工业应用，在膜蒸馏工艺优化以及系统集成、蒸汽相变热再利用方面，以及与膜蒸馏机理对应的膜组件结构设计、膜材料的亲水化渗漏及其干燥方法等环节上仍然存在一些问题。除去在海岛或有太阳能等特殊情况下，不推荐采用膜蒸馏技术直接对海水或苦咸水进行淡化，而是应首先采用反渗透技术进行淡化，然后用膜蒸馏技术对反渗透浓盐水进行再处理。这样，一方面可以提高海水和苦咸水淡化效率，另一方面海水和苦咸水高度浓缩后，可以直接提取浓盐水中的化学资源，从而降低海水和苦咸水淡化的综合成本。

4. 膜蒸馏性能参数

1）膜蒸馏通量

膜蒸馏通量是判断膜蒸馏性能的关键指标之一，是指单位时间内单位膜面积的膜蒸馏产水质量。影响膜蒸馏通量的主要因素有所用膜材料的结构参数、膜组件结构参数及膜蒸馏过程的操作条件等。

（1）温度。温度是影响通量的最主要因素，提高热侧溶液的温度或提高膜两侧的温差，均能使通量显著增加。

（2）水蒸气压差。通量随膜两侧水蒸气压差的增加而增加，且呈线性关系。

（3）料液浓度。料液浓度对非挥发性溶质水溶液和挥发性溶质水溶液有不同的影响，随浓度的增加，非挥发性溶质水溶液的通量降低而挥发性溶质水溶液的通量增加，且浓溶液的膜蒸馏行为比稀溶液复杂，对水通量的影响也更大。

（4）料液流速。增加进料流量和冷却水流量均可降低温差极化和浓差极化现象，从而使通量增加。

2）透水压力

透水压力（liquid entry pressure of water，LEPw）是液体（水）透过疏水膜孔所需的最小压力，是膜蒸馏用膜的一项重要参数。透水压力与膜的材料本体接触角、膜孔径大小、料液中有机物浓度、温度或表面活性物质含量等因素有关。在膜蒸馏过程中，热侧料液不应渗透进入膜孔，所以料液侧的压力一定不能超过LEPw的极限值。LEPw可以直接测定。

膜蒸馏用膜要具备高的纯水接触角（低的表面能）、较小的孔径，这样能为料液提供一个高的LEPw数值。此外，不同的膜蒸馏过程因其膜两侧运行压力差不同，对LEPw值的要求也不相同。

3）壁厚与结构

一般而言，膜壁厚度与膜通量成反比关系，当膜厚减薄时，传质阻力减小，膜通量增加。不同的膜蒸馏形式，对膜结构的要求也不尽相同，需要相应不同的疏水膜内径、断面结构与壁厚优化。对于内接触式DCMD过程，中空纤维疏水膜的内径不宜过小，以使热料液携带足够的热量，避免膜组件出口温度过低，并且为减少膜蒸馏过程中冷侧与热侧的热量损失，所用疏水膜的壁厚不宜过薄，断面结构应以隔热效果好的、高孔隙率的指状孔结构为宜；对于减压膜蒸馏VMD过程，在保证足够的中空纤维膜自支撑强度情况下，膜的壁厚应尽量薄，断面结构应选择相对致密、导热性好的海绵体结构，减少膜断面中大的空洞；对于 AGMD 过程，则需要较大的长径比才能得到较大的膜蒸馏通量。

4）造水比

造水比（gained output ratio，GOR）是指膜蒸馏过程中料液汽化所需的热量与系统提供的总热量之比，即膜蒸馏产水所对应的蒸发潜热与实际所消耗的热量之比。其可以用来衡量膜蒸馏过程的热量利用率，数值越大说明膜蒸馏装置热回收利用率越高。一般而言，膜蒸馏的 GOR 越大，膜蒸馏通量越低。

3.5.2 膜蒸馏过程

1. 基本膜蒸馏过程

现有膜蒸馏的传质过程依次为：①水从被处理料液的主体扩散到与疏水膜表面相接触的料液边界层；②水在边界层与疏水膜的两相界面发生气化；③气化的水蒸气扩散通过疏水性膜孔；④水蒸气在疏水膜的产水侧冷凝液化。按照产水侧水蒸气的不同冷凝液化方式，已有以下五种膜蒸馏基本工艺过程。

1）直接接触膜蒸馏

如图 3-47 所示，直接接触膜蒸馏（direct contact membrane distillation，DCMD）是膜的一侧直接接触热料液，另一侧直接接触冷流体。传质过程为：①水从被处理液体主体扩散到与疏水膜表面相接触的边界层；②水在边界层与疏水膜的界面发生气化；③气化的水蒸气扩散通过疏水性膜孔；④水蒸气在疏水膜的透过侧直接与冷流体接触而被冷凝。

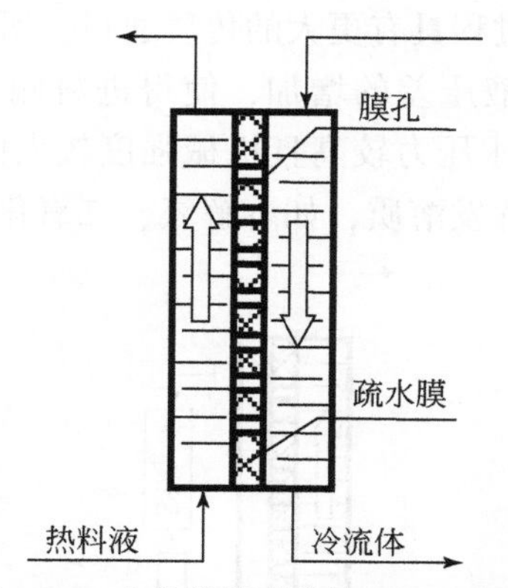

图 3-47 直接接触膜蒸馏原理示意图

DCMD 是最简单的膜蒸馏形式，其设备结构简单，在五种膜蒸馏过程中研究最早和最多。其主要的缺点就是由热传导引起的损失较大，DCMD 膜两侧的温差为该过程的推动力，热量从进料侧传导到透过侧，相对而言热效率较低。

2）气隙膜蒸馏

如图 3-48 所示，气隙膜蒸馏（air gap membrane distillation，AGMD）的前三步与直接接触膜蒸馏相同，从第四步开始，透过侧的水蒸气不直接与冷流体接触，而是保持一定的间隙，透过蒸汽扩散穿过空气隔离层后在冷凝板上进行冷凝。

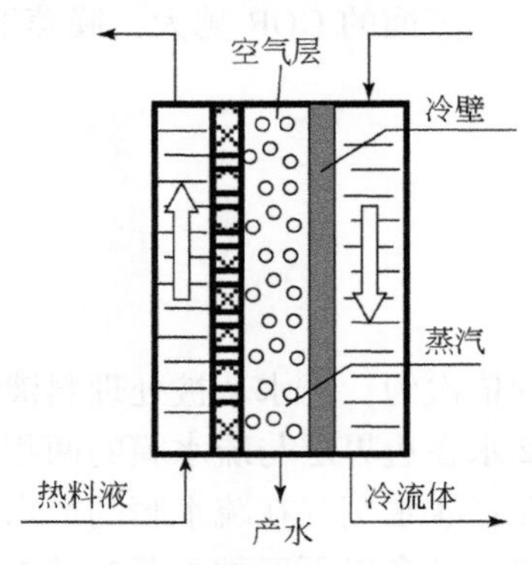

图 3-48　气隙膜蒸馏原理示意图

3）减压膜蒸馏

减压膜蒸馏（vacuum membrane distillation，VMD）又称真空膜蒸馏，是在膜的透过侧用真空泵抽真空，以造成膜两侧更大的蒸汽压差。减压膜蒸馏的前三步与直接接触膜蒸馏相同，第四步透过蒸汽被真空泵抽至外置的冷凝器中冷凝（图 3-49）。由于透过侧压力较低，增大了膜两侧的蒸气压差，过程推动力增大，减压膜蒸馏比其他膜蒸馏过程具有更大的传质通量，所以近几年来受到比较大的关注。但同时膜两侧的料液压差的增加，使得进料侧流体更容易进入膜孔，因此，VMD 过程中需采用透水压力较高且机械强度较大的疏水性微孔膜。VMD 还可以用来脱除溶液中的易挥发溶质，如溶解氧、二氧化碳、游离氨等。

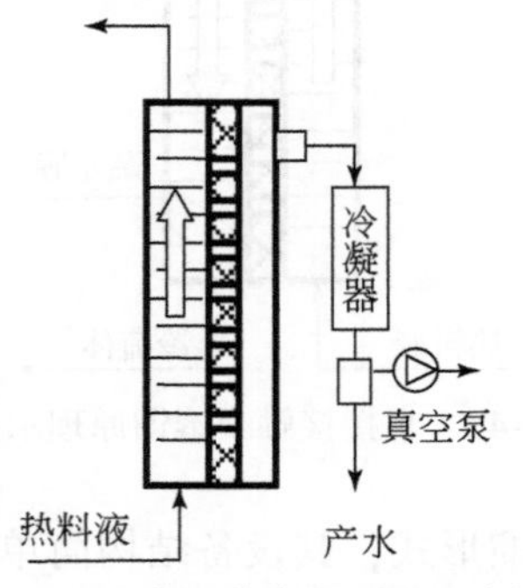

图 3-49　减压膜蒸馏原理示意图

4）气扫膜蒸馏

气扫膜蒸馏（sweeping gas membrane distillation，SGMD）用载气吹扫膜的透过侧，从膜组件中夹带走透过的蒸汽，使蒸汽在外置的冷却器中冷凝。传质过程也是在第四步发生变化，传质推动力除了蒸汽的饱和蒸汽压外，还有载气的吹扫夹带作用，因此传质推动力比直接接触膜蒸馏和气隙膜蒸馏大，载气中水蒸气的分压以及冷凝温度控制对膜蒸馏产水量有重要影响。气扫膜蒸馏原理示意图如图 3-50 所示。但由于 SGMD 过程鼓风机能量消耗较大，挥发性组分不易进行冷凝，仅有少量的液体能从大量的吹扫气中冷凝下来，故这种膜蒸馏过程通常效率较低，相应的研究和应用报道也相对较少。

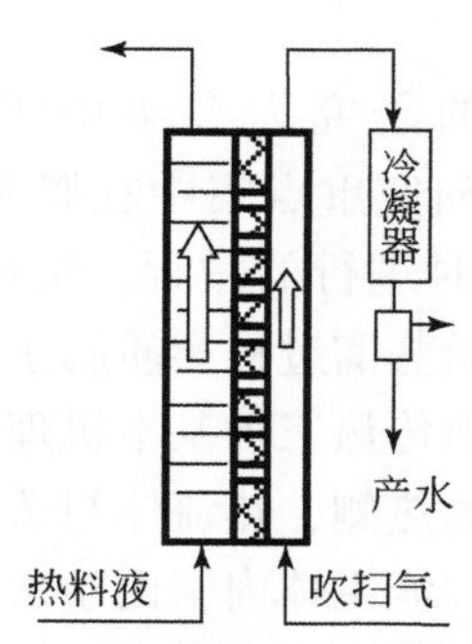

图 3-50　气扫膜蒸馏原理示意图

5）吸收膜蒸馏

吸收膜蒸馏（absorbed membrane distillation，AMD）也称为渗透膜蒸馏（osmotic membrane distillation，OMD）。疏水膜两侧液体的主体温度相近，疏水膜的产水侧为对水分子有强烈吸收作用的吸收液，这样在膜两侧水分子化学位差的作用下，水分子从膜的料液边界层吸热汽化，在膜的吸收液边界层被吸收液化并放出相变热，再利用膜两侧吸热/放热形成的逆向温度差，通过膜材料将热能回传料液侧，疏水膜具有传质与导热双重作用，膜孔传质，膜材料传热。吸收膜蒸馏原理示意图如图 3-51 所示。

虽然吸收膜蒸馏两侧液体的温度可以很接近，但其传质速度仍与膜面温度和吸收液的吸收能力（水合能力、浓度等）有关。吸收膜蒸馏无前述四种膜蒸馏过程的相变热回收问题，吸收剂则可参照采用正渗透技术所用的吸收剂及吸收剂再生方式。

2. 新膜蒸馏过程

1）鼓泡膜蒸馏（bubble membrane distillation，BMD）

一般的膜分离过程如反渗透、纳滤、超滤、气体分离，均属于传质控制过

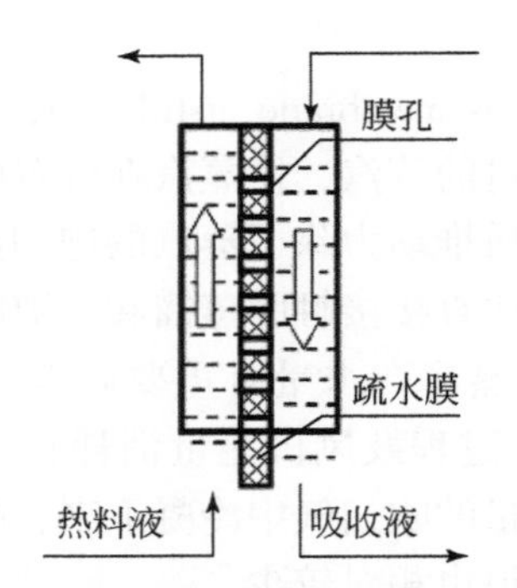

图 3-51　吸收膜蒸馏原理示意图

程，关于膜蒸馏技术，目前的研究大多集中于研究透过侧的传质，VMD、DCMD、SGMD、AGMD过程的研究重点集中在膜蒸馏四步骤中的第四步，但膜蒸馏过程是一个传热和传质同时进行的过程，液体蒸发的速度取决于较慢的过程，即热量传递过程，因此，膜蒸馏过程实质属于传热控制过程。传热过程可以分为传导传热、对流传热和辐射传热三种基本机理，传统膜蒸馏技术的传热过程基本属于传导传热，在疏水膜的热侧，热流体与疏水膜之间存在滞流内层。传导传热效率远低于对流传热。在湍流主体内，由于流体质点湍动剧烈，所以在传热方向上，流体的温度差小，热量传递主要依靠对流进行，传导所起的作用很小。在过渡层内，流涕的温度发生缓慢变化，传导和对流同时起作用。在滞流内层中，流体仅沿壁面平行流动，在传热方向上没有质点位移，所以热量传递主要依靠传导进行。流体的导热系数小，使滞流内层导热热阻很大，因此，该层内流体温度差较大。即流体的热阻主要集中在滞流内层。由于膜组件的加工问题，在热流体流道中设置隔板等湍流强化措施，实施困难，效果也不是很好。在现有膜蒸馏技术中，通过在热流体中鼓入空气气泡，由气液两相流效应来强化热流体的扰动，使热流体从层流转变为湍流，同时，可以减少热流体与疏水膜之间滞流内层的厚度，从而提高传热效率。

图 3-52 所示为鼓泡减压膜蒸馏过程（BVMD），实验条件为：3.5wt% 的 NaCl 水溶液，温度 70℃，真空度-0.085MPa。从图 3-53 中可以看到，随着热流体中通气量增加，BVMD 过程膜通量显著增加。混合流体的雷诺数呈直线上升趋势，从层流逐渐发展到湍流，提高了膜面剪切力，降低了流体边界层厚度，从而降低了浓差极化和温差极化，可以明显抑制膜污染，促进膜蒸馏传质，使膜蒸馏通量保持较高水平。

2）曝气膜蒸馏（aeration membrane distillation，AMD）

液体的汽化可以在低于沸点时进行，此时气化只发生在液体表面，蒸发速率

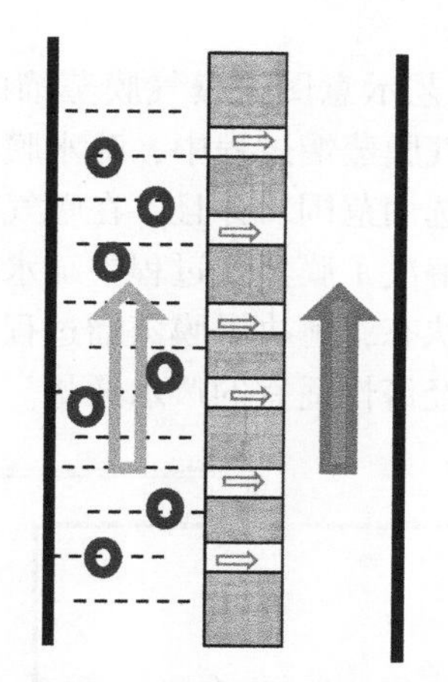

图 3-52　鼓泡减压膜蒸馏工艺示意图

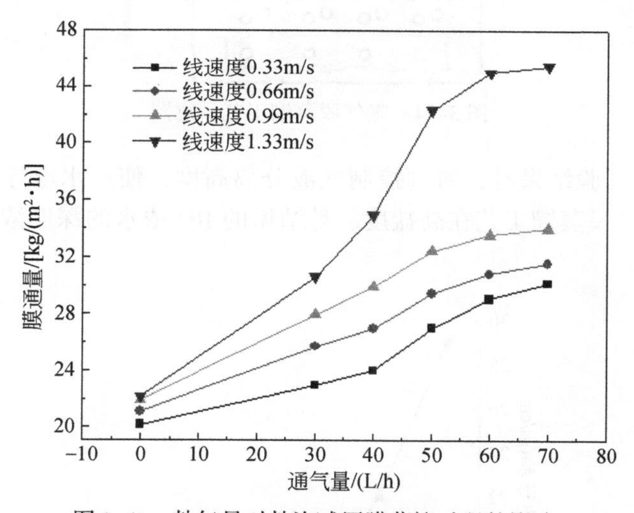

图 3-53　鼓气量对鼓泡减压膜蒸馏过程的影响

慢。曝气膜蒸馏过程是利用不同温度的空气吸湿原理进行膜曝气，并利用空气流的吹扫作用将水蒸气带出。在热流体中直接通入压缩空气，利用疏水性多孔膜进行微泡曝气，可以大大增加空气泡与热液体的气液接触面积，提高空气泡中的湿气夹带量，湿热空气在外置的冷凝器中冷凝，获得膜蒸馏产水。在严格意义上讲，曝气膜蒸馏过程并不符合前述的膜蒸馏定义，在曝气情况下，分离膜不直接与所处理的液体接触，且传质推动力不是液体中可汽化组分在膜两侧气相中的分压差，而是空气在不同温度下的吸湿差异，但作为一种实际可行的膜蒸发过程，依然有其应用价值。

图 3-54 为曝气膜蒸馏工艺示意图，曝气膜蒸馏的膜通量和产水电导率均接近于气吹扫式膜蒸馏。在曝气膜蒸馏过程中，疏水膜与被处理液体可以不直接接触，因而可以扩大膜材料的选用范围。并且，在曝气膜蒸馏过程中，膜孔内部随时处于被空气吹扫的状态，解决了膜蒸馏过程中疏水膜的润湿渗漏问题；膜表面随时处于被空气吹脱的扰动状态，解决了膜蒸馏过程中的膜污染问题。通过控制压缩空气的曝气压力，获得经济性适宜的产水通量。

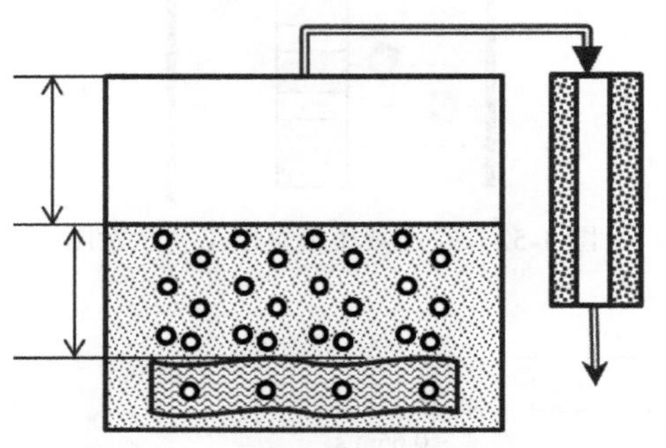

图 3-54　曝气膜蒸馏工艺示意图

从图 3-55 实验结果看，通过控制气液分离高度，使产水电导率在可以接受的范围内，曝气膜蒸馏工艺在高盐度、易结垢的 RO 浓水的深度浓缩方面具有较好的应用潜力。

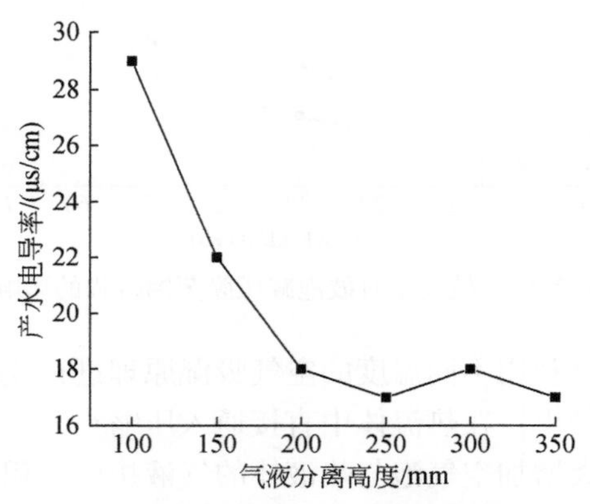

图 3-55　气液分离高度对曝气膜蒸馏产水水质的影响

3）超滤膜蒸馏（ultrafiltration membrane distillation，UFMD）

现有疏水膜制备所用材料与制膜方法的限制，使膜蒸馏通量与膜机械强度均较低。超滤膜蒸馏使用透水性超滤膜作为原料液分布机构，因为透水性超滤膜所提供的蒸发面积大于膜孔道的实际气液接触界面面积（图 3-56）。超滤膜与疏水膜相比，具有在单位体积内蒸发面积更大的特点。利用膜组件壳程空间和自然重力作用，实现气液分离，可以得到低电导率的膜蒸馏产水。蒸发过程发生在分离膜的表面而不取决于膜孔通道，因而可以制备低孔隙率和小孔径的膜，相应可以得到更高机械强度的膜。由于可以提高膜的机械强度，因而可以制备更薄的膜，提高膜的导热性能，有利于蒸发温度的提高。无须蒸汽透过膜孔进行传质，因而降低了气相传质阻力。因不使用疏水膜，相应避免了疏水膜的亲水化渗漏问题。这样可以实现高效的膜法蒸馏过程。该方法在严格意义上也不符合现有的膜蒸馏定义，但同样是将膜技术与传统蒸馏技术结合的膜蒸馏技术，利用了分离膜气液接触面积大的优点，是一种高效的膜蒸馏技术。

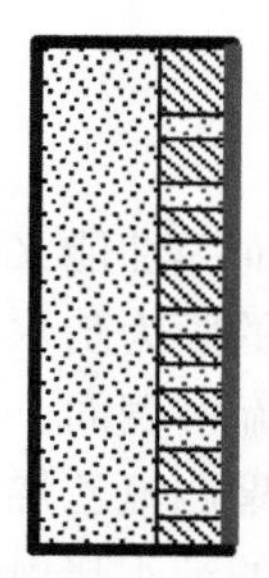

图 3-56　超滤膜蒸馏示意图

依据具体实施的方式不同，可以有减压超滤膜蒸馏，即在超滤膜的透过侧施加负压，将在超滤膜表面蒸发的水蒸气抽出到膜组件外部的冷凝器内进行冷凝液化；也可以有气扫式超滤膜蒸馏，即在超滤膜的透过侧施加吹扫气，将在超滤膜表面蒸发的水蒸气吹出到膜组件外部的冷凝器内进行冷凝液化，等等。

4）膜蒸馏过程集成设计

（1）热泵能量回收。膜蒸馏是有相变的膜分离过程，降低运行成本的关键为膜蒸馏系统的热量回收。热泵是一种把热量从低温端送向高温端的专用设备，由蒸发器、空气压缩机、冷凝器等部分组成。热泵利用少量的工作能源，以吸收和压缩的方式，把低温热能转化为高温热能。在膜蒸馏工况下，通常热泵的能效系数为 3 ~ 4，用于回收蒸汽的相变热。

（2）采用塑料换热器。通过纺制出较薄的中空纤维壁厚和较细内径的中空纤维，使塑料中空纤维换热器在单位体积内具有较大的传热面积，可以抵消高分子材料导热率远低于金属材料的缺点。同时，高分子材料的耐盐类腐蚀性远高于金属材料，抗结垢性能也明显优于金属材料，不易污染，可以满足针对膜蒸馏过程的低温换热要求。相对于金属换热器，塑料中空纤维换热器还具有造价低、预期使用寿命长的优点。塑料材料可以选用聚丙烯、聚偏氟乙烯等易于注塑加工的高分子材料。

(3) 膜蒸馏与化学除硬、超滤耦合。通过投加酸、碱、阻垢剂等化学药剂，再经过超滤澄清，将接近饱和浓度的钙、镁离子和部分有机物沉淀成为污泥，对澄清液继续进行膜蒸馏，从而提高膜蒸馏浓缩倍数。

(4) 膜蒸馏与气浮除杂工艺耦合。利用污水处理中常见的气浮絮凝工艺，将膜蒸馏料液中的油类、表面活性物质、有机大分子等污染物去除，减少污染物在膜表面的沉积，延缓膜蒸馏的污染问题，实现高浓度浓缩。

3.5.3 疏水膜材料与制备方法

1. 疏水膜材料

膜性能是膜蒸馏技术的核心，而膜性能又依赖于膜材料，所以膜蒸馏过程的膜材料选择尤为重要。膜蒸馏使用的膜为疏水膜，在表面物理领域，将固体表面纯水接触角大于90°的表面定义为疏水表面，纯水接触角小于90°时归于亲水性材料。实际上，即使强疏水材料如聚四氟乙烯，当膜孔径过大，在膜蒸馏过程中也会发生渗漏。聚偏氟乙烯膜材料的纯水接触角小于90°，但是，膜孔径较小时，仍可以作为疏水膜使用。

具有疏水表面的膜与多孔疏水膜是不同的物理概念，不宜采用纯水接触角是否大于90°作为判断标准。多孔疏水膜的判定标准为膜的透水压力大于膜分离时的跨膜压力。

疏水膜，是指在特定的疏水膜分离过程的跨膜压差下，不会发生纯水渗漏的多孔膜。常用的最具有代表性的疏水膜材料有聚丙烯（PP）、聚偏氟乙烯（PVDF）、聚四氟乙烯（PTFE）三种，其分子结构如图3-57所示。

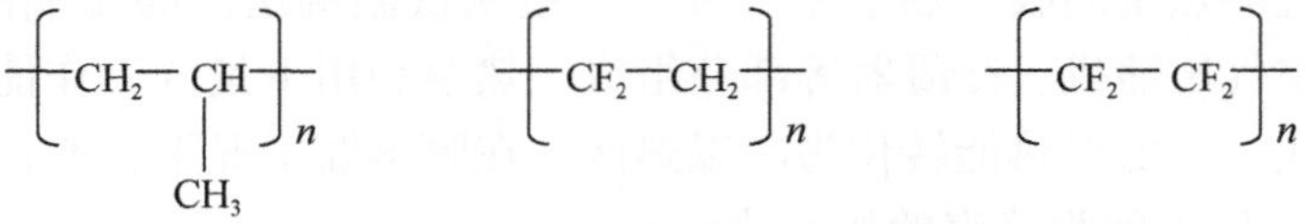

$$\left[CH_2 - \underset{\underset{CH_3}{|}}{CH} \right]_n \qquad \left[CF_2 - CH_2 \right]_n \qquad \left[CF_2 - CF_2 \right]_n$$

(a) PP (b) PVDF (c) PTFE

图3-57 PP、PVDF及PTFE分子结构式

这三种材料各有特点，PP价格低廉，可熔融纺丝拉伸或热致相法成膜，商业应用比较广泛，但材料的耐污染性、耐氧化性较差；PVDF的可制膜性好，但疏水性不够高，材料的耐碱性稍差；PTFE的表面能最低，疏水性最好，耐氧化

性和化学稳定性最强，但因其不溶解、不熔化，加工制膜困难，采用烧结拉伸法不易得到 0.2μm 以下小孔径的膜。

近年来其他氟类共聚物也逐渐受到研究学者们的青睐并被用于制备膜蒸馏用疏水膜，如 PVDF-TFE、PVDF-HFP、PVDF-CTFE、FEP、聚三氟氯乙烯（ECTFE）等。PVDF-HFP 因其材料内的（HFP）基团使得 PVDF-HFP 比 PVDF 具有更强的疏水性。与 PTFE 不同的是，PVDF-TFE 可以溶于常规溶剂中，因此可以用相转化法制备膜蒸馏用疏水膜。ECTFE 和 FEP 是 TFE 和 HFP 的无规共聚物，可以熔融加工制膜。并且，ECTFE 有着较 PVDF 更强的疏水性和更优异的化学稳定性和热稳定性，有可能成为一种新型的膜蒸馏用疏水膜材料。

2. 制备方法

目前，常用的微孔膜制备方法有熔融拉伸法、径迹蚀刻法、烧结法、相转化法以及静电纺丝法，不同的方法所制备的膜均有其特点，现将其介绍如下。

1）熔融拉伸法（melt-spinning cold-stretching，MSCS）

熔融拉伸法是在 20 世纪 70 年代中期研发出的制备微孔膜的方法，其将晶态高分子聚合物在高应力下熔融挤出（平板或中空纤维），形成与挤出方向一致的平行排列的片晶结构，然后在聚合物熔点的温度之下对其进行后拉伸，在拉伸制备过程中平行排列的聚合物片晶结构被拉开，片晶之间的非晶部分或是低结晶度部分产生相互贯通的裂纹状微孔，最终在张力下经过热定型工艺便得到固定的微孔膜结构。熔融拉伸法一般适用于熔融温度较低、熔融应力较强且结晶度适中的聚合物膜材料，如聚丙烯（PP）、聚乙烯（PE）等。

熔融拉伸法的设备简单，制膜工艺也不复杂，因此具有成本低、易产业化生产的优势。同时，其制备过程中基本不会投入添加剂，所以制膜过程排放的废液很少，比较环保。但是，由于该法对聚合物在熔融状态下的性质和结晶度有要求，限制了可选聚合物的范围。同时，熔融拉伸法制得的膜孔径较大，孔径分布也较宽，使得此法得到的多孔膜性能有一定的局限性。

2）烧结法（sintering）

烧结法通常用于无机微孔膜（如陶瓷膜）的制备，但一些难熔的高分子材料如 PTFE、超高分子量聚乙烯等材料，也可以采用烧结法制膜。烧结过程是指将粉末状高分子微细粒子均匀加热，控制温度及压力，使粒子间存在一定的空隙，将粒子加热到熔融或稍低于熔融的温度，使粒子的外表面软化熔融但不全熔，从而使粒子互相黏结连在一起形成多孔的薄层或块状物，再对其进行机械加工成为滤膜，烧结粒子间的间隙即为膜孔，孔径可控制在 1～10μm，对于制备小孔径、薄壁厚的膜的难度比较大。

3）相转化法

相转化法就是配制一定组成的均相聚合物溶液，通过一定的物理方法改变溶液的热力学状态，使其从均相的聚合物溶液中发生相分离，最终转变为一个三维大分子网络式凝胶结构从而制得膜的过程。根据改变溶液热力学状态的物理方法的不同，可将相转化法分为非溶剂致相转化法、热致相转化法和低温热致相分离法等。

（1）非溶剂致相转化法（non-solvent induced phase seperation，NIPS）。也称溶液相分离法、干湿相转化法或浸没沉淀法，是最常用的制膜方法。其将成膜聚合物、添加剂（致孔剂）等在特定溶剂中搅拌溶解，形成均匀的铸膜液，然后将其浸入凝固浴中使高分子聚合物从均相溶液中固化成膜。常见的有机溶剂有N-甲基吡咯烷酮（N-methyl pyrrolidone，NMP）、二甲基乙酰胺（dimethyl acetamide）、N，N-二甲基甲酰胺（N,N-dimethylfo rmamide，DMF）等。

（2）热致相转化法（thermal induced phase seperation，TIPS）。热致相转化法，是将一些高沸点、低挥发性的溶剂作为稀释剂，与高聚物一起加热至聚合物的熔点温度以上，使其形成均相熔体，再通过降低熔体的温度，使聚合物与稀释剂间发生相分离过程。相分离过程通常可分为两类：一类是固-液相分离，生成球状结构；另一类则是液-液相分离，生成蜂窝状或者双连续网络状结构。最后通过使用适当的萃取剂将稀释剂脱除，形成膜孔。使用该法制得的蜂窝状结构的膜材料兼具有较高强度和较高膜通量。

（3）低温热致相分离法（L-TIPS）（逯志平等，2012）。在聚合物与稀释剂（最好采用水溶性稀释剂）构成的聚合物混合物中加入溶剂，使成膜混合物在低于聚合物熔点的温度下，成为均匀的铸膜液，相转化成膜时，控制铸膜液温度低于聚合物熔点而高于铸膜液浊点温度，同时，凝固浴温度显著低于铸膜液浊点温度。这样，铸膜液进入凝固浴中后，溶剂和水溶性稀释剂可以与凝固剂水互溶，因此首先进行传质交换，形成分离膜皮层，这属于溶液相分离机理。因为外凝固浴温度显著低于铸膜液浊点温度，在铸膜液内部，传热速度大于传质速度，主要发生热致相分离过程。

如以水溶性聚乙二醇为稀释剂，可以消除单一NIPS法中容易产生的指状孔结构，同时消除了TIPS容易产生的球状结构，得到的膜机械强度良好，膜通量更高。

低温热致相分离法的目的在于克服非溶剂致相转化法制膜强度较弱、常规热致相分离法成膜温度过高的缺点（如非溶剂通常为非水溶性，常规亲水性高分子不能加入）。铸膜液浊点温度与凝固浴温差越大、壁厚越厚，热致相分离作用越明显，非溶剂致相分离作用越弱。需要寻求热致相分离作用与非溶剂致相分离作用的平衡点，以获得兼顾膜机械强度与膜通量的多孔膜。

4）静电纺丝法（electrospinning）

近年来，静电纺丝法作为一种可制备超精细纤维的新型加工方法，引起了人们的广泛关注。静电纺丝法是利用高压电场的作用将聚合物溶液或熔体纺制成尺度在微米到纳米级的超细纤维，并以随机的方式散落在收集装置上，最终形成类似非织造布状的纤维毡。静电纺丝法得到的膜，具有极高的孔隙率和很强的疏水性，在膜蒸馏领域受到了越来越多的关注。理论上任何可溶解或熔融的高分子材料均可进行静电纺丝加工。

5）超疏水表面处理

疏水膜的表面高疏水化应是疏水膜制备技术中的重要研究方向之一，可用于提高疏水膜的膜蒸馏通量，并可提高疏水膜的抗亲水化渗漏性。超疏水表面一般是指与水的接触角大于 150°的表面，自然界中许多植物叶的表面具有纳米结构与微米结构的乳突相结合的双微观结构，从而具备超疏水性。超疏水性固体表面一般来说可以通过两种方法制备：一种是在疏水材料表面构建粗糙结构；另一种是在粗糙表面上修饰低表面能的物质。我们可以采用涂覆法来改变膜表面的物理形态结构，进行 PVDF 膜的表面超疏水改性（图 3-58）。在膜表面构筑出纳米级的凸起结构，使 PVDF 膜的接触角从 80°提高到 160°。

图 3-58　超疏水改性前后 PVDF 膜表面的 SEM 照片

3.5.4　膜污染与亲水化渗漏

1. 膜污染与清洗

1）膜污染

与超滤/微滤膜、反渗透膜一样，膜蒸馏过程同样存在膜污染问题，但由于膜表面的疏水特性，疏水膜污染程度显著低于超滤/微滤膜。耐氧化与抗污染也是对膜蒸馏用疏水膜材料的要求，由于膜表面的疏水特性，膜污染的清洗明显比超滤/微滤膜容易，采用超滤/微滤膜清洗中常用的酸、碱及氧化性清洗剂，可以有效地恢复膜蒸馏通量，其中，采用次氯酸钠药剂清洗是最为简便有效的清洗方法。

浓差极化、污染物质吸附作用、膜表面形成凝胶层等都可造成膜材料的污染，增大膜两侧的传质阻力，从而造成膜通量的衰减。疏水膜被污染的同时也会造成膜表面性质的变化，很容易诱发疏水膜发生亲水化渗漏的现象，此时料液可以透过膜孔进入冷凝侧，此时膜材料本体已失去分离性能，致使膜蒸馏过程产水水质劣化。

根据污染物的不同，膜污染分为以下三种类型：无机污染、有机污染、生物污染。无机污染是由无机胶体粒子的沉淀或结晶和原料液中的硬矿石沉淀，如碳酸钙、硫酸钙、硅酸盐、氯化钠、氧化铝等造成的，通常采用酸和络合剂进行清洗。有机污染是由有机物的堆积，如腐殖酸、蛋白质、多糖等的沉淀造成的，通常采用碱或氧化剂进行清洗。而生物污染主要是由微生物，如细菌、真菌、污泥、藻类、酵母等造成的，通常采用碱、氧化性杀菌剂等进行清洗。大多数情况下，在膜蒸馏的实际操作中不只有一种单独的污染机理，不同污染材料和机理的组合会使膜污染更严重。

如图 3-59 所示，随着浓缩倍数的增加，如果是单纯的无机盐结垢，不会造成明显的膜污染，如果体系中同时存在蛋白质、腐殖酸等黏性物质，则这些黏性物质会优先吸附在分离膜表面，从而促进无机晶体的成核、生长、聚集，导致严重的膜污染。

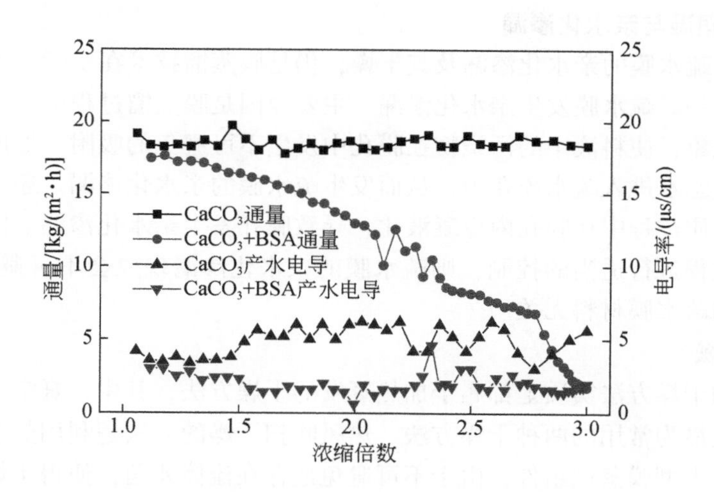

图 3-59 膜通量和产水电导率随浓缩倍数的变化

2）膜污染的控制方法

当前污染控制的方法主要是溶液预处理、工艺优化、膜的清洗和膜材料改性。

（1）溶液预处理。膜分离的过程中溶液预处理是一种有效控制污染的方法，预处理可以改变进料水的物理-化学或生物特性，减缓膜污染的形成。常用的溶液预处理方法有絮凝沉淀、预过滤、除硬软化、改变 pH、加氯消毒等。

（2）工艺优化。工艺流程设计、料液的流速、清洗周期与清洗方式等。如为控制膜污染进程，可以在膜蒸馏过程中向热料液中鼓入压缩空气（赵恒等，2009），利用气泡来增强气液两相流的扰动效果从而强化热流体的湍流状态的原理，减少热流体与疏水膜之间滞流内层的厚度，这样可以弱化料液边界层的温差极化和浓差极化从而有效控制污染进程，同时也可以强化膜蒸馏的传热传质过程。

（3）阻垢剂的使用。阻垢剂是一种能够影响膜表面沉淀反应和黏附作用的化学添加剂，可以通过使用阻垢剂达到抑制结垢的目的，从而延缓膜污染进程。

（4）抗污染膜的表面改性与膜组件结构设计。近几年，许多研究已经面向膜表面和本体改性，以提高膜的疏水性和抗污染性能。不同的超疏水涂层已经应用在各种基材上，这些涂层表面可以延缓膜污染进程。例如，与 TiO_2、SiO_2 纳米粒子共混，从而获得更高超疏水性的聚偏氟乙烯膜；利用氟硅涂层的聚丙烯膜可以有效地抑制膜表面的表面成核和硫酸钙的附着。

2. 亲水化渗漏与干燥

1）膜润湿与亲水化渗漏

目前，疏水膜的亲水化渗漏及其干燥，仍是膜蒸馏技术在实际应用中面临的最大难点之一。疏水膜发生亲水化渗漏，主要原因是膜蒸馏过程中不可避免地存在膜污染现象，使料液中的污染物在膜孔中发生不可避免的吸附，形成亲水化涂层，诱使液态水进入疏水膜孔中，从而发生疏水膜的亲水化渗漏。还有一个原因是水蒸气传质过程中在膜孔内冷凝液化，导致膜孔发生亲水化渗漏。因此，若不对膜蒸馏过程进行适当的控制，则疏水膜的亲水化渗漏现象会不可避免地发生，与所使用的疏水膜材料无关。

2）干燥

目前的干燥方法实质上都属于加热蒸发的干燥方法，其中，真空干燥和热风吹扫干燥是最为常用的两种干燥方法。热风吹扫干燥的方法是利用热空气的吸湿原理，对于大型膜蒸馏组件，由于不可避免地存在流体死角，使得干燥程度不均匀，故难以实现膜组件的完全干燥。微波加热的方法，虽然能够均匀地加热，但加热时需要使用大型微波箱体，从而使得该方法难以实现工业化应用，不仅如此，微波辐射还会影响膜材料的机械性能。所以采用加热蒸发的干燥方法，虽然在实验室条件下容易实施，但对于大规模工业型的应用，则需要大型微波箱体，且膜组件浇铸用环氧树脂也属于微波敏感材料，因而微波加热的方法也难以实现工业化应用。

对于疏水膜来说，一般情况下，纯水不能自发地润湿疏水膜孔，然而当水中含有亲水性污染物时，污染物能够吸附在疏水膜的表面使得膜材料表面的疏水性转化为亲水性。这里介绍疏水膜的自脱水概念及其实施方法：设想对于特定材料与结构的疏水膜材料，存在一个临界润湿深度和自脱水效应，当膜孔被润湿深度小于该疏水膜材料的临界润湿深度时，通过常规清洗去除膜孔中的污染物，再用清洁的水清洗，之后使液体水脱离疏水膜表面，此时膜孔中的水会在表面张力的作用下被自动从疏水膜孔中排出，实现疏水膜的自脱水干燥。

依据疏水膜的临界润湿深度，在膜孔润湿深度小于临界润湿深度时对疏水膜进行清洗，通过循环地进行 MD-清洗-自脱水干燥过程，实现疏水膜的自脱水干燥，从而可以保证膜蒸馏过程的持续运行。

3.5.5 多效膜蒸馏

膜蒸馏过程中水蒸气的相变热（约为 2600kJ/kg）远大于水的比热容[4kJ/(kg·K)]，按常规膜蒸馏方式使水蒸气冷凝，需要大量的冷却水，如按目前减压膜蒸馏方式，约需要 30t 冷却水才能获得 1t 淡水。因热泵的能效比一般不超过 4∶1，通过机械式热泵来吸收蒸汽潜热，系统能耗也很高。同时目前热泵系统价格较高，导致膜蒸馏系统的处理成本较高。在膜蒸馏过程产生的水蒸气与料液之间进行一次热交换，但冷料液只能部分冷凝蒸汽，不能完全吸收蒸汽潜热。

多效膜蒸馏过程，是将化工多效蒸发技术的蒸汽相变热多级利用原理应用于膜蒸馏过程，有效回收相变热的新型膜蒸馏过程。这是一种多级蒸发与多级换热的组合工艺，即将各级膜蒸馏组件产出的蒸汽，作为次级热源，用于加热料液，并使料液在该级工艺条件下能够发生蒸发。只有料液多级蒸发，才能被降温，从而具备持续的冷却能力。由此，可以解决膜蒸馏过程能耗高、蒸汽冷凝需要大量冷却水的问题。

依具体膜蒸馏过程不同，可以有减压多效膜蒸馏、气隙多效膜蒸馏、气扫多效膜蒸馏及其组合等。

3.5.6 膜蒸馏法苦咸水淡化研究

目前已有多个单位开展了膜蒸馏苦咸水淡化的小试与中试研究，利用低品位废热和太阳能作为热能来源，从试验结果看，仍存在设备投资大、运行能耗高的问题。因此，除去在海岛或有太阳能等特殊情况下，不推荐采用膜蒸馏技术直接对海水或苦咸水进行淡化，而是应首先采用反渗透技术进行淡化，然后用膜蒸馏技术对反渗透浓盐水进行再处理。这样，一方面可以提高海水和苦咸水淡化效率，另一方面海水和苦咸水高度浓缩后，可以直接提取浓盐水中的化学资源，从而降低海水和苦咸水淡化的综合成本。

第4章 苦咸水淡化经济分析

4.1 蒸馏法苦咸水淡化经济分析

蒸馏法苦咸水淡化工程的总生产成本包括投资成本和操作成本两部分，其成本组成如图4-1所示（屈强和阮国岭，2016）。

直接投资成本、间接投资成本 → 投资成本
固定成本、可变成本 → 操作成本
投资成本、操作成本 → 总生产成本

图4-1 成本组成示意图

蒸馏法苦咸水淡化项目的投资存在许多不确定因素，而且成本费用的具体组成往往很难通过文献准确确定。并且各项目的评估标准还与具体的工作范围、处理规模、处理要求、工艺过程、技术基础和当地条件等因素有关，故很难有统一的标准成本计算方法，只能在一定的应用和规模条件下提供相对准确的方法以供参考。

为了方便真实反映蒸馏法苦咸水淡化工程的成本，通常计算一定规模的工程成本后，其他规模的工程成本采用适当的规模因子 n 进行修正：

$$\text{规模校正系统直接投资成本}=\text{基本系统直接投资成本}\times\left(\frac{\text{实际系统规模}}{\text{基本系统规模}}\right)^n$$

4.1.1 投资成本

1. 直接投资成本

（1）用地。用地价格可能因场地位置、特征及项目投资商（政府/私人）的不同有较大差异。

（2）水池。水池的造价取决于产水规模和池深，另外与附属设备也有关。

（3）取水设施。取水设施的费用取决于产水规模及环境法规要求，也与附属设备相关。

（4）工艺设备。工艺设备包括水处理单元（蒸发器）、仪器仪表、控制系统、预处理、后处理单元以及清洗系统等，其费用取决于产水规模以及原水质量。

（5）附属设备。附属设备包括取水设施、储水池、发电机房、变压器、水泵、管道、阀门和电线电缆等。

（6）建筑。建筑费用包括控制室、实验室、车间和办公室等结构的建设费用，取决于场地的具体情况和建筑类型。

（7）浓水处理。浓水处理费用取决于淡化技术的形式、产水规模、排放位置和环境规定等，一般内陆地区苦咸水淡化的浓水处理成本较高（Al-Karaghouli and Kazmerski，2013）。

2. 间接投资成本

间接投资成本有很大的不确定性，包括运输及保险费、施工杂费、合同人费用和应急费等。间接投资成本通常按直接投资成本的百分比进行估算：

运输及保险费（或其他费用）一般占直接投资成本总额的5%。

施工杂费包括人工费、额外福利、施工管理、临时设施、施工设备、小型工具、承包商利润及其他多方面的费用，通常占直接投资成本总额的15%。

合同人费用包括土地征用、工程设计、合同管理、行政管理、装备调试、启动及法律咨询等费用，通常占直接投资成本总额的10%。

应急费包含在可能的附加服务中，通常占直接投资成本总额的10%。

4.1.2 操作成本

1. 固定成本

固定成本包括保险费及摊销费。保险费通常占总成本费用的0.5%；摊销费补偿了间接投资成本和直接投资成本的年利率支付额，其费用的多少取决于项目的利率和寿命，摊销率通常取5%~10%。

2. 可变成本

主要的可变成本包括蒸汽成本、电耗成本、劳动力成本、试剂成本、备件成本和其他费用。

1）蒸汽成本

低温多效蒸馏工艺需要使用外界输入的蒸汽作为热源，每生产 1t 淡水，蒸汽耗量约为 0.1t。

一般情况下，低温多效蒸馏淡化宜使用发电厂汽轮机抽出的低品位蒸汽。高压蒸汽在汽轮机中做功发电后，低品位蒸汽（压力大于 0.3MPa 即可）的发电潜能很低，抽出后对发电厂的发电能力影响较小，适宜作为低温多效蒸馏淡化的加热蒸汽。此类蒸汽的成本一般在 30 元/t 以下，甚至可以低于 10 元/t。

另外，一些化工厂、炼油厂、钢铁厂的生产过程中产生的废热，也可供淡化使用。

2）电耗成本

各种淡化工艺都需要使用电力，主要用于水泵的驱动，与低温多效蒸馏工艺相比，多级闪蒸工艺耗电更多。低温多效蒸馏工艺的吨水耗电为 0.9 ~ 1.5kW · h，多级闪蒸工艺的吨水电耗约为 3.5kW · h。

一般淡化工程主要有以下几种供电方式：

工业用电，淡化工程用电可以归入"工商及其他用电""大工业用电"，则电价按当地电网销售电价。

大用户直购电，由淡化厂与发电厂签订协议，淡化厂直接从发电厂购电，而不经过电网。此种方式基本没有输电费用，电价与电厂上网电价相当即可保证电厂盈利。

电厂用电，此方式适合淡化厂与发电厂联产，淡化厂作为发电厂的一部分。淡化厂使用的电力可以按照发电厂上网电价计算。

自备电厂，淡化厂建设自备发电厂，电力不上网，仅供自用。此种方式淡化厂的用电成本仅为发电成本价。但国家限制小发电机组，实施难度较大。

优惠电价，进入市政管网的淡化厂，可向政府争取电价优惠，采用低于大工业用电的价格运行淡化厂。

3）劳动力成本

劳动力成本因地区、项目投资商（政府/私人）不同而有所差异，有时还与运行维护外包等特殊安排有关。劳动力成本的范围为 0.29 ~ 1.40 元/m^3。

4）试剂成本

试剂消耗量主要与原水水质及预处理、后处理和清洗系统的处理程度有关，试剂成本受试剂类型、试剂使用量、全球市场价格以及供应商的特殊安排等的影响。蒸馏法苦咸水淡化试剂成本一般为 0.07 ~ 0.98 元/m^3。主要试剂单价及其产水成本见表 4-1。

表 4-1 主要试剂单价及其产水成本

试剂	单价/(元/kg)	产水成本/(元/m³)
消泡剂	17.98	0.021
H_2SO_4	4.06	0.07
六偏磷酸钠 (SHMP)	5.39	0.035
NaOH	3.57	0.035
$NaHSO_3$	0.91	0.035
Cl_2	2.31	0.021

5) 备件费用

备件费用主要指泵、阀、控制系统的部件等的维修更换费用，这部分所占比例较低，可取 0.14 元/m³。

6) 其他费用

对一些具体的应用，还应考虑非正常的成本，如超纯水生产要求离子交换床 (IXB)、紫外线 (UV) 消毒和脱 CO_2 等 (Arroyo and Shirazi, 2009)。

4.1.3 投资回收率

总投资成本是决定项目可行性的关键，而生产成本取决于投资的占比。投资回收成本 (元/m³) 基于利率和设备寿命，计算如下 (高从堦, 2015)：

$$投资回收成本=\frac{总投资成本\times 1000i\left(1+\frac{i}{100}\right)^{r}}{3.785\times 365(100-D_t)\left[\left(1+\frac{i}{100}\right)^{r}-1\right]}\times 7$$

式中，i 为年利率，通常取 12%；r 为设备寿命，通常取 15 年；D_t 为停运时间百分比，通常取 15%；7 为人民币对美元汇率，可根据当前汇率进行调整。

4.1.4 评价成本的方法

通常的评价方法是以每一部分校正后的成本为基础，用各部分的校正方程计算求得

$$校正的投资成本=LD+SD+WS+U+EQ$$

式中，LD 为校正土地成本，[美元/(m^3 · d)]；SD 为校正现场开发成本，[美元/(m^3 · d)]；WS 为校正供水成本，[美元/(m^3 · d)]；U 为校正设施成本，[美元/

($m^3 \cdot d$)]；EQ 为校正设备成本，[美元/($m^3 \cdot d$)]。

$$校正的操作成本 = O_S + O_E + O_L + O_A + O_C$$

式中，O_S 为校正蒸汽成本，[美元/($m^3 \cdot d$)]；O_E为校正电力成本，[美元/($m^3 \cdot d$)]；O_L为校正劳力成本，[美元/($m^3 \cdot d$)]；O_A为校正备件成本，[美元/($m^3 \cdot d$)]；O_C为校正试剂成本，[美元/($m^3 \cdot d$)]。

这样总成本的评价顺序如下：

开始(确定应用类型) → 代表性成本 → [投资成本 → 校正值 → 规模因子校正；操作成本 → 校正值] → 总生产成本

4.1.5 敏感性分析

敏感性分析是投资项目经济评价中常用的一种研究不确定性的方法。它在确定性分析的基础上，进一步分析不确定性因素对投资项目的最终经济效果指标的影响及影响程度，以指导投资和各种操作，使之效益最佳。

敏感性因素一般可选择对项目的经济效益有较大影响或可能发生较大变化的主要参数（如销售收入、经营成本、生产能力、建设期等）进行分析。若某参数的小幅度变化能导致经济效果指标的较大变化，则称此参数为敏感性因素，否则，称为非敏感性因素。

蒸馏法淡化技术的敏感性因素主要有投资成本、生产能力、蒸汽价格、设备利用率、折旧年限等（Kavvadias and Khamis，2014）。

以 12 500t/d 低温多效蒸馏淡化工程为例，选取产品产量、产品价格、原材料价格及建设投资为敏感因素，得到敏感性分析情况如图 4-2 所示。

从图 4-2 可以看出，产品产量及产品价格对基本方案内部收益率的影响较大。因此，产品产量及产品价格这两个敏感因素，是决定项目财务效益好坏的关键所在。

需要特别指出的是，蒸汽价格直接影响蒸馏法淡化技术的成本，廉价热源的获得是低温多效蒸馏和多级闪蒸工艺建设的关键所在。

4.1.6 几种蒸馏法苦咸水淡化过程的成本比较

近年来，蒸馏法淡化工程的成本呈下降趋势。1980 年以前国际淡化成本均在 3 美元/t 以上，随着技术的发展，淡化成本均有大幅度降低，目前已降到 1 美元/t 以下（Nisan and Benzarti，2008）。

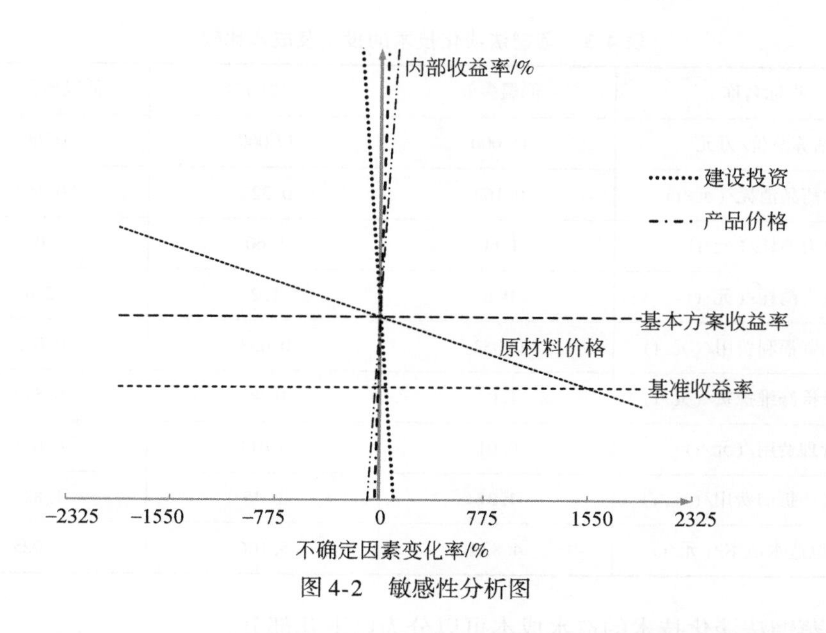

图 4-2　敏感性分析图

《火力发电厂化学设计技术规程条文说明》中对几种蒸馏法淡化技术的某些指标做了详细说明，见表 4-2。

表 4-2　蒸馏法淡化技术的比较

指标名称	低温多效	多级闪蒸	低温压汽蒸馏
产品水水质/(mg/L)	5 ~ 10	5 ~ 10	5 ~ 10
操作温度/℃	<70	≈110	<70
装置总能耗/(kW · h/m³)	5.0	8.0	8.0
原水预处理	要求低	不需要	要求低
水利用率/%	15 ~ 40	12 ~ 25	15 ~ 40
腐蚀结垢倾向	较小	较大，要加酸和脱气	较小
建造材质要求	低	高	低

以 15 000t/d 淡化工程为例对几种蒸馏法淡化技术的投资及成本进行估算比较，投资及成本比较见表 4-3（李雪民，2010）。

表 4-3 蒸馏法淡化技术的投资及成本比较

指标名称	低温多效	多级闪蒸	低温压汽蒸馏
估算总价/万元	15 000	17 000	16 000
化学药品消耗/(元/t)	0. 162	0. 322	0. 162
热力消耗/(元/t)	1. 60	1. 60	0
电力消耗/(元/t)	0. 6	1. 2	2. 4
职工工资福利费用/(元/t)	0. 053	0. 053	0. 053
大修及检修维护费/(元/t)	1. 03	0. 46	0. 572
管理费用/(元/t)	0. 01	0. 011	0. 011
固定资产折旧费用/(元/t)	1. 37	1. 46	1. 827
总单位造水成本/(元/t)	4. 825	5. 106	5. 025

各蒸馏法淡化技术的造水成本可以分为以下几部分。

1. 化学药品消耗

1）低温多效

低温多效蒸馏需加入聚磷酸盐类阻垢分散剂 5ppm，水的回收率为 50%，每吨淡水消耗阻垢分散剂 10. 0g，阻垢分散剂的价格为 10 000 元/t，每吨淡水消耗阻垢分散剂 0. 10 元。

周期性地加入液氯作为杀生剂，平均加量以 1ppm 计，每吨淡水消耗杀生剂 2. 0g，杀生剂价格为 1000 元/t，每吨淡水消耗杀生剂 0. 002 元。

低温多效蒸馏装置每年清洗一次，清洗剂的消耗量根据结垢程度决定，根据原料水条件以及国外清洗剂消耗量的经验，清洗剂的消耗平均以 3000kg/a 计算，其价格以 15 000 元/t 计算，每吨淡水消耗清洗剂 4. 0g，每吨淡水消耗清洗剂 0. 06 元。

低温多效技术化学药品费用合计：0. 162 元。

2）多级闪蒸

多级闪蒸加入阻垢分散剂 5ppm、33% 盐酸 100ppm，水的回收率为 50%，每吨淡水消耗阻垢分散剂 10. 0g、33% 盐酸 200g，阻垢分散剂的价格为 10 000 元/t，33% 盐酸的价格为 500 元/t，每吨淡水消耗阻垢分散剂 0. 10 元、33% 盐酸 0. 10 元。

周期性地加入液氯作为杀生剂，平均加量以 1ppm 计，每吨淡水消耗杀生剂 2. 0g，杀生剂价格为 1000 元/t，每吨淡水消耗杀生剂 0. 002 元。

多级闪蒸装置每年清洗两次，清洗剂的消耗量根据结垢程度决定，根据原料水条件以及国外清洗剂消耗量的经验，清洗剂的消耗平均以 3000 kg/a 计算，其价格以 15 000 元/t 计算，每吨淡水消耗清洗剂 4.0g，每吨淡水消耗清洗剂 0.12 元。

多级闪蒸技术化学药品费用合计：0.322 元。

3）低温压汽蒸馏

低温压汽蒸馏加入聚磷酸盐类阻垢分散剂 5ppm，水的回收率为 50%，每吨淡水消耗阻垢分散剂 10.0g，阻垢分散剂的价格为 10 000 元/t，每吨淡水消耗阻垢分散剂 0.10 元。

周期性地加入液氯作为杀生剂，平均加量以 1ppm 计，杀生剂价格为 1000 元/t，每吨淡水消耗杀生剂 2.0g，每吨淡水消耗杀生剂 0.002 元。

低温压汽蒸馏装置每年清洗一次，清洗剂的消耗量根据结垢程度决定，根据原料水条件以及国外清洗剂消耗量的经验，清洗剂的消耗平均以 3000kg/a 计算，其价格以 15 000 元/t 计算，每吨淡水消耗清洗剂 4.0g，每吨淡水消耗清洗剂 0.06 元。

低温压汽蒸馏技术化学药品费用合计：0.162 元。

2. 热力消耗

1）低温多效

低温多效蒸馏装置的造水比为 10，每吨淡水消耗 100kg 蒸汽，低温多效装置使用发电厂汽轮机第五级抽气口的乏蒸汽，其平均价格以每吨蒸汽 16 元计算。每吨淡水的热力消耗为 1.60 元。

2）多级闪蒸

多级闪蒸的造水比为 10，每吨淡水消耗 100kg 蒸汽，多级闪蒸使用发电厂第五级透平的乏蒸汽，其平均价格以每吨蒸汽 16 元计算。每吨淡水的热力消耗为 1.60 元。

3）低温压汽蒸馏

低温压汽蒸馏装置不需要蒸汽造水。

3. 电力消耗

1）低温多效

低温多效蒸馏装置生产每吨淡水的电力消耗为 2.0kW · h。电价以 0.3 元/(kW · h) 计，低温多效的吨水电力成本为 0.6 元。

2）多级闪蒸

多级闪蒸装置的主体电力消耗为 3.5kW · h，加上引水、产品水输送、浓盐水排污和厂区照明费用，生产每吨淡水的电力消耗为4.0kW·h。电价以0.3元/(kW·h)计，多级闪蒸的吨水电力成本为1.2元。

3）低温压汽蒸馏

15 000t/d低温压汽蒸馏装置的主体电力消耗为7.5kW·h，加上引水、产品水输送、浓盐水排污和厂区照明费用，生产每吨淡水的电力消耗为8.0kW·h。电价以0.3元/(kW·h)计，低温压汽的吨水电力成本为2.4元。

4. 职工工资福利费用

1）低温多效

低温多效蒸馏的自动化程度较高，淡化装置每班设4人操作就行。人员的配备采用三班12人制，人均年工资20 000元，每吨淡化水的工资费用为0.046元。

福利费用取为工资费用的15%，每吨淡水的福利费用为0.007元。

职工工资福利费用为0.053元/t。

2）多级闪蒸

多级闪蒸的自动化程度较高，淡化装置每班设4人操作就行。人员的配备采用三班12人制，人均年工资20 000元，每吨淡化水的工资费用为0.046元。

福利费用取为工资额的15%，每吨淡水的福利费用为0.007元。

职工工资福利费用为0.053元/t。

3）低温压汽蒸馏

低温多效蒸馏的自动化程度较高，淡化装置每班设4人操作就行。人员的配备采用三班12人制，人均年工资20 000元，每吨淡化水的工资费用为0.046元。

福利费用取为工资额的15%，每吨淡水的福利费用为0.007元。

职工工资福利费用为0.053元/t。

5. 大修及检修维护费

1）低温多效

根据国家规定，供水工程的大修及检修维护费取固定资产原值的1.5%，每吨淡化水的大修及检修维护费为1.03元。

2）多级闪蒸

根据国家规定，供水工程的大修及检修维护费取固定资产原值的1.5%，每吨淡化水的大修及检修维护费为0.46元。

3）低温压汽蒸馏

根据国家规定，供水工程的大修及检修维护费取固定资产原值的1.5%，每吨淡化水的大修及检修维护费为0.572元。

6. 管理费用

1）低温多效

管理费用取为劳动力费用的 20%，每吨淡化水的管理费用为 0.01 元。

2）多级闪蒸

管理费用取为劳动力费用的 20%，每吨淡化水的管理费用为 0.011 元。

3）低温压汽蒸馏

管理费取为劳动力费用的 20%，每吨淡化水的管理费用为 0.011 元。

7. 固定资产折旧费用

1）低温多效

固定资产的折旧年限为 20 年，固定资产残值为 4%，固定资产原值为 15 000 万元，每吨淡水的固定资产折旧费用为 1.37 元。

2）多级闪蒸

固定资产的折旧年限为 20 年，固定资产残值为 4%，固定资产原值为 16 000 万元，每吨淡水的固定资产折旧费用为 1.46 元。

3）低温压汽蒸馏

固定资产的折旧年限为 20 年，固定资产残值为 4%，固定资产原值为 20 000 万元，每吨淡水的固定资产折旧费用为 1.827 元。

8. 总单位造水成本

总单位造水成本即为上述各项费用总和，则低温多效技术总单位造水成本为 4.825 元/t；多级闪蒸技术总单位造水成本为 5.106 元/t；低温压汽蒸馏技术总单位造水成本为 5.025 元/t。

4.1.7 蒸馏法苦咸水淡化代表性工程成本示例

新疆轮台中石化西北局托甫生活基地 24t/d 八效板式蒸馏淡化装置成功应用于沙漠油田地下苦咸水淡化，属于该地“热、电、水”联供项目中的淡水供应部分。

联供系统由一台 600kW 燃气发电机组配套余热锅炉、槽式太阳能集热器及板式蒸馏淡化装置组成。该系统冬季利用燃气发电机组缸套高温水为公寓提供生活热水和采暖供热，利用尾气余热进行苦咸水淡化；夏季发电机组停用，生活热水和苦咸水淡化热能转换为由太阳能集热器提供。

八效板式蒸馏苦咸水淡化设备的主要技术参数见表4-4。

表4-4　八效板式蒸馏苦咸水淡化设备的主要技术参数

参数名称	单位	设计值
蒸发器效数	效	8
产水量	t/h	1.0
产品水含盐量	mg/L	<50
热源热水温度	℃	95～100
产品水温度	℃	≤30
苦咸水总需求量	t/h	7.0
浓盐水排放量	t/h	0.5

根据技术报告等相关内容对装置进行成本分析，结果见表4-5和表4-6。

表4-5　项目运行参数

项目	描述	备注
工程规模	24t/d	
工程投资	60万元	数据来源于建设单位
蒸汽价格	0元/t	冬季利用发电机组余热，夏季利用太阳能
年产量	0.79万t	设备利用率为90%
耗电量	8.606kW·h/t	
电价	0.25元/(kW·h)	最新上网电价
药剂费用	10.1元/t	

表4-6　海水淡化成本测算

项目	费用/(元/t)	备注
蒸汽费用	0	
电费	2.16	耗电量为8.606kW·h/t
药剂费用	10.1	电厂提供
大修及检修维护费	0.68	年费用为总投资的1%
管理费	0.1	
造水成本	13.04	

4.2 电渗析法苦咸水淡化经济分析

4.2.1 电渗析过程电流效率

1. 电流效率的计算方法

电流效率是评价电渗析脱盐性能的基本参数，同时也是评估经济效益的重要指标。在同等操作条件下，电流效率越高，电渗析器能耗则越低，经济性越好。

广义上讲，电渗析过程的电流效率可视为用于离子迁移的电流与总电流的比值，表示了电渗析过程中电流的利用程度。在理想的电渗析过程中，全部电流均由反离子迁移来承载，反离子的迁移数为 1，同名离子的迁移数为 0，此时电流效率为 100%。实际操作中，由于部分电流被用来克服浓差扩散、同名离子迁移、隔室间溶液串漏等不利过程，电流效率总是低于 100%。对于苦咸水电渗析法脱盐而言，电流效率一般可达 90% 以上，经济性较好。电流效率的计算方法与电渗析脱盐的具体工艺、苦咸水的离子组成等直接相关。

对于连续式电渗析脱盐过程，其电流效率（η_1）可表示为式（4-1）：

$$\eta_1 = \frac{z_i \mathrm{F} Q_\mathrm{f}(C_{i,\mathrm{f}} - C_{i,\mathrm{d}})}{NI} \tag{4-1}$$

式中，z_i 为离子 i 的化合价；F 为法拉第常数，96 485C/mol；Q_f 为淡化室进水流量，L/h；$C_{i,\mathrm{f}}$为进水中离子 i 的浓度，mol/L；$C_{i,\mathrm{d}}$为淡化水离子 i 的浓度，mol/L；I 为膜堆电流，A；N 为膜堆重复单元数。

对于间歇式电渗析脱盐过程，在恒电压操作模式下，膜堆电流随着淡化槽内离子浓度的逐渐降低呈非线性减小趋势，其电流效率（η_2）则表示为式（4-2）：

$$\eta_2 = \frac{z_i \mathrm{F} Q_\mathrm{f}(C_{i,\mathrm{f}} - C_{i,\mathrm{d}})}{N\int_0^t I(t)\,\mathrm{d}t} \tag{4-2}$$

式中，t 为操作时间，h。

鉴于电流效率与水质因素等关联密切，在工程应用中多采用经验公式（4-3）对其进行科学估算（张维润，1995）：

$$\eta_3 = \frac{26.8 Q_\mathrm{f}(C_\mathrm{f} - C_\mathrm{d})}{NI} \tag{4-3}$$

式中，C_f为淡化室进水当量浓度，meq/L；C_d为淡化室产水当量浓度，meq/L。

2. 电流效率的影响因素

电流效率的影响因素较多、影响机理相对复杂，包括离子交换膜的物化性能、电渗析器关键构件的科学设计、电渗析脱盐过程的操作条件，以及苦咸水的理化特征等诸多方面。

1）离子交换膜的物化性能

离子交换膜的基本特征参数（如离子交换容量、离子选择透过性系数、膜面电阻、扩散系数等）决定了电渗析脱盐过程中同名离子迁移、浓差扩散及压力渗透等不利现象的发生程度，这些不利现象对电流效率存在不同程度的影响。例如，商品膜的选择透过性虽可达到90%以上，但仍然有相当数量的同名离子透过膜发生电迁移。这部分离子虽然也负载了部分电流，但该部分能耗为无用消耗。因此，电流效率的高低能够较好地反映电渗析传质单元内的不良现象，如离子交换膜的非理想选择透过性（Sadrzadeh and Mohammadi，2009）。电渗析系统优化时，通常以电流效率为评价指标进行离子膜材料的比选、优化，以期提升电渗析脱盐的经济性能。此外，电流效率还可用于给定脱盐任务所需膜面积的科学估算。

2）电渗析器关键构件设计

电渗析器的关键构件包括水流隔板、电极板等，尤以水流隔板最为重要。一是隔板内部水流分布的均匀性对电渗析过程传质有重要作用，二是进口和出口处的布水道、集水道结构与电流泄漏直接相关。此外，隔板的厚度、材质也对过程能耗有重要影响。具体来讲，结构合理的浓、淡水流隔板，能够促进隔室内水流和电场的均匀分布，避免局部水流不均，盐浓度累积过高；通过大幅度减小布水道和集水道的水流截面面积来减小局部电流泄漏，对电渗析过程处理高盐水体时尤其具有重要意义。

3）电渗析脱盐过程的操作条件

实际操作中，影响电流效率的操作条件主要涉及膜堆电压、电流、水流速度等。提高电压使得电流密度随之增大，但操作电压或电流过高可能会使得淡水室发生严重浓差极化，最终导致水解离和中性紊乱，电流效率就会显著降低。在微观上而言，“膜-溶液”两相界面间的扩散边界层具有一定厚度。增加膜面流速有利于减小边界层厚度，进而提升被迁移离子由溶液主体向离子交换膜界面的扩散速率，从而改善电流效率；但过度提升会降低离子在膜堆隔室内的停留时间，除盐不充分，影响产水水质。

4）苦咸水的理化特征

苦咸水的组成及浓度因地区不同而存在较大差异。对含多组分离子的苦咸水而言，其电流效率是以某一具体的离子迁移来衡量的。因不同离子的水合数存在差异，各离子迁移的电流效率略有不同，但总体趋势具有一致性。若苦咸水浓度较高，则达到淡化水质要求时电渗析系统的浓、淡水流浓度差较大，用于克服浓差扩散的电流消耗量则较多，即电流效率一般随着苦咸水进水浓度的增大而略有下降，但降低程度在末级操作或间歇操作模式后期较为明显。

3. 电流效率与极限电流的关系

理论上，电流效率能够客观体现电渗析脱盐系统的最优工作电流，这是由于最大电流效率与 *V-I* 曲线中极限电流区域的初始阶段存在密切关系，达到最大电流效率下的电流密度值接近于对应体系的极限电流密度值（Kwak et al.，2013）。例如，在连续式电渗析脱盐过程中，电流效率曲线随着电流密度的增加会出现某一最大值，淡化水浓度则随着电流密度的增加呈非线性降低趋势，这一最大值与淡化水浓度曲线的拐点（曲率变化符号）存在对应关系。此外，连续式电渗析脱盐系统通常需要分级串联操作。在这种条件下，各级电渗析系统的浓、淡水进口浓度差会随着操作级数的增加而迅速提高，由浓、淡室浓度差产生的水渗透和盐离子扩散越发加剧。在浓、淡水进口存在浓度差的条件下，势必有一部分电流用于克服浓差极化现象，电渗析系统则相应地存在一个临界电流密度，即所施加的电流刚好用于克服这种反向浓差扩散，此时系统的电流效率为0，但最大电流效率与淡化水浓度曲线拐点的对应关系仍然存在（Cerva et al.，2018）。

4. 电渗析过程的经济性分析

电渗析是最早实现应用的现代膜分离技术。一般认为，电渗析最适宜承担的任务为苦咸水淡化，即在对含盐量1500～5000mg/L 水平的苦咸水进行淡化除盐时，使用电渗析技术具有较好的经济性。早期的电渗析用离子交换膜均为异相离子交换膜，成本偏低，设备投资显著低于反渗透等其他膜法脱盐技术。近年来，随着离子膜技术的快速发展，均相离子交换膜在国内外均已获得广泛使用。相对而言，均相离子交换膜的成本要显著高出常规异相离子交换膜数倍甚至十余倍，而均相离子交换膜的低电阻、高选择透过性等优异性能，使得均相离子交换膜电渗析多数被用于一些特殊用途的电渗析过程，如高盐水体的再浓缩、趋零排放等。对于常规水体的脱盐，十余年来反渗透膜技术的投资成本持续下降，相对则具有了较好的经济性。

电渗析过程的运行成本主要包括三部分，即运行能耗、药剂费用和人工成本。其中，电渗析膜堆的本体能耗占据了运行成本的主要部分。

一个稳定的电渗析过程的本体能耗一般以吨水耗电量表示：

$$E=\frac{UI}{1000Q} \tag{4-4}$$

式中，E 为电渗析过程本体能耗，kW·h/m^3；U 为稳态下的膜堆工作电压，V；I 为稳态下的膜堆电流，A；Q 为稳态下的淡水产水量，m^3/h。

电渗析过程所处理的水体的含盐量越高，工作电流越大，过程耗电量就越高。该部分电耗中，除浓、淡室间正常的离子迁移所负载的电流以外，还包括水流隔板的布水道、集水道的开放性导致的正、负电极直接相连引起的电流泄漏。在早期，电渗析技术曾被用于海水淡化，每淡化一吨海水消耗的电能高达15kW·h左右，甚至更高。随着离子膜和新型水流隔板的发展，目前采用电渗析技术直接进行海水淡化，吨水电耗已经可以降低到8kW·h左右，但仍然比反渗透膜技术要显著偏高。而在苦咸水淡化方面，电渗析技术则体现出了较好的经济性。以含盐量3500mg/L水平的苦咸水水质为例，即使要求脱盐率达到90%以上，现有电渗析技术的吨水电耗已可控制在0.5～0.8kW·h，电渗析仍然是一种具有良好经济性的苦咸水和废水脱盐技术。

4.2.2 电渗析器膜堆能耗分布与影响规律

在电渗析的实际运行过程中，整个系统所消耗的能量为流体输送能耗和电渗析本体能耗（膜堆直接消耗的电能）之和。在电渗析流体输送过程中，水力学阻力很小，流体输送能耗占总能耗的比例也很低。从节能可行性来说，如何降低电渗析本体能耗是电渗析过程节能的关键所在。

就用于苦咸水淡化的电渗析器膜堆能耗影响规律研究方面，冯云华等（2018）开展了相关研究，系统分析了膜堆构型、工艺流程和工艺参数对ED脱盐过程的能耗和脱盐效果的影响。结果表明，在膜堆构型方面，脱盐率为30%时，电极室填充树脂的膜堆相比未填充树脂的膜堆节约能耗约33.3%；采用均相膜的膜堆比采用非均相膜的膜堆节约能耗约27.8%。工艺流程方面，脱盐率为30%时，浓、淡水逆流的膜堆吨水能耗比顺流的膜堆节约能耗约16.8%；极水并联的膜堆比极水串联的膜堆节约能耗11.1%，“一极两段”的膜堆比“一极一段”的膜堆节约能耗约26.3%。在工艺参数方面，在苦咸水含量范围内，相同的脱盐率条件下，提高浓度进水和降低浓、淡室流量有利于降低电渗析脱盐过程的能耗。

4.2.3 电渗析法苦咸水淡化过程经济分析实例

苦咸水淡化处理电渗析技术适用于低浓度苦咸水脱盐。例如，1987年投产的山东省大钦岛电渗析法地下苦咸水（含盐量 3000 ~ 5000mg/L）淡化试验站，工程造价 12.5 万元。该工程采用两级四段串联工艺，单级电渗析 240 对膜，隔板尺寸为 400mm×1600mm，隔板厚度为 0.85mm。工艺设计脱盐率为 80%，水回收率为 60% ~ 80%，淡化水产量可达 $20m^3/d$，单位能耗为 $5kW\cdot h/m^3$，吨产水成本为 2.14 元左右，设备维修费用约占产水成本的 5%（Kwak et al., 2013）。此外，黄骅市水务局采用电渗析法和多层过滤技术，建成了产水量为 48t/d 的苦咸水淡化站，工程投资为 13 万 ~ 14 万元，其中设备费为 5 万 ~ 6 万元，土建工程投资为 7 万 ~ 8 万元，吨水成本为 4.1 元（La Cerva et al., 2018）。

近年来，对于 3500mg/L 水平的典型苦咸水，由于电渗析运行工艺和离子交换膜材料的进步，其典型吨水能耗已降低至 0.6 ~ 1.0kW · h 水平，电渗析仍然是具有良好经济效益的苦咸水淡化主流工艺。

4.3 反渗透法苦咸水淡化系统经济分析

4.3.1 反渗透法苦咸水淡化系统投资

反渗透法苦咸水淡化系统的投资费用构成包括直接投资和间接投资。直接投资包括工艺设备投资、电气自控设备投资和配套土建工程投资。间接投资包括前期项目科研费、项目设计费、水质检测费等（大规模可咸水淡化项目还包括土地征用补偿费）。反渗透法苦咸水淡化投资成本结构如图 4-3 所示（尹玉安，2009）。

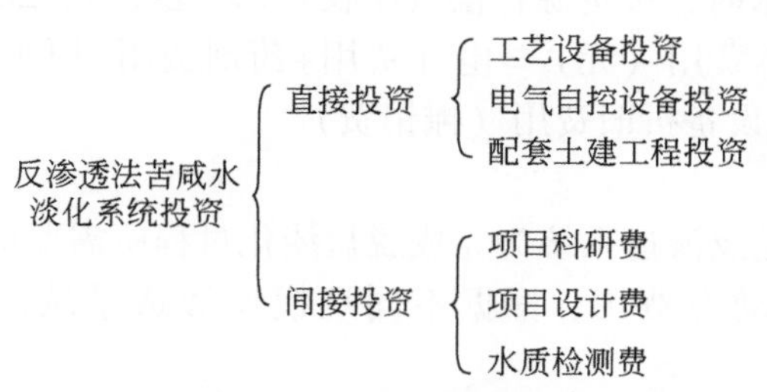

图 4-3　反渗透法苦咸水淡化投资成本结构

按照费用构成的比例，反渗透法苦咸水淡化投资系统的投资比例如图 4-4 所示。

从图 4-4 可知，反渗透法苦咸水淡化系统投资占比最大的是工艺设备投资，约占总投资的 48%，工艺设备包括预处理设备及反渗透主机设备等；配套土建工程投资次之，约占总投资的 35%，配套土建工程包括设备间、设备基础等工

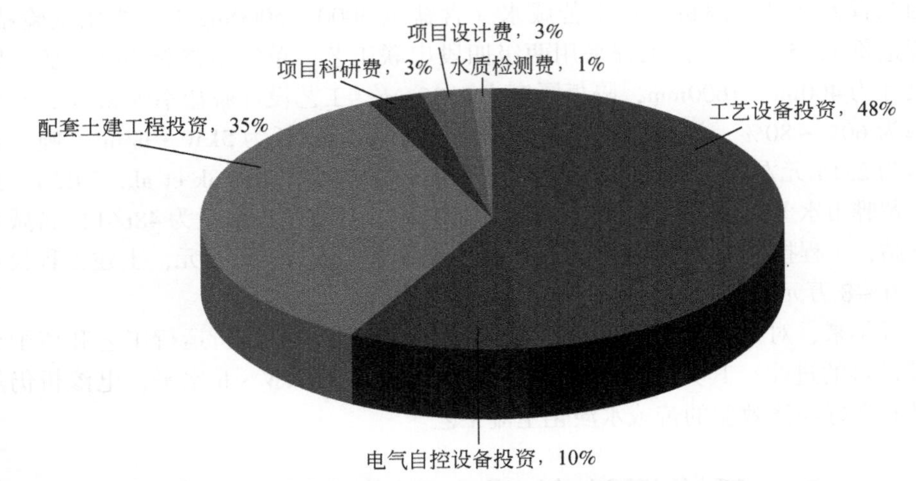

图 4-4　反渗透法苦咸水淡化投资系统的投资比例图

程；电气自控设备投资占比紧随其后，约占总投资的 10%，电气自控设备投资与用户的要求成正比关系，即电气自控设备要求越高，电气自控设备投资越大。

4.3.2　反渗透法苦咸水淡化系统的运行成本

反渗透法苦咸水淡化系统的运行成本包括处理成本费用、人工费用、设备维修及维护费用、设备折旧费用。处理成本费用包括电耗费用、药剂费用、原水费用（原水为地下井水时，按资源补偿费征收）（刘亮亮等，2012）。

吨水运行总成本费用（元）= 电耗费用+药剂费用+原水费用+人工费用+设备维修及维护费用+设备折旧费用（摊销费）

1）电耗费用

电耗费用主要是反渗透系统为完成脱盐淡化过程所需要的动力费用，包括各种水泵、计量泵的动力费用。根据不同规模反渗透系统，吨水电耗为 1.0 ~ 2.5kW · h。

2）药剂费用

药剂费用包括反渗透系统预处理、后处理以及化学清洗系统所需药剂折合的吨水费用总和。反渗透系统使用的药剂主要包括混凝剂、助凝剂、阻垢剂、化学清洗药剂。药剂费用主要受药剂市场价格的波动，吨水药剂费用为 0.15 ~ 0.20 元/t。

3）原水费用

原水费用是指将反渗透法苦咸水淡化系统的产水量折合成进水量，按照进水总量收取的费用。对于地下水，一般按照资源补偿费征收进水水费；对于城镇自来水，按照当地自来水水价收取。

4）人工费用

人工费用主要是指操作和维护反渗透法苦咸水淡化系统的操作工、维修工人的基本工资、绩效工资、奖金以及福利工资等。人工费用因地域的不同以及与反渗透系统规模大小配套的人员数量的不同，存在很大差异。

5）设备维修及维护费用

反渗透法苦咸水淡化系统在正常运行条件下，出现的设备损耗和仪表、配件损坏后的更换费用称为设备维修及维护费用。根据反渗透系统配置、选型以及操作人员的技术水平，设备维修及维护费用有一定的差别。设备配置水平越高，设备选型质量越高，操作人员的技术水平越高，则设备维修及维护费用越低，反之则越高。

6）设备折旧费用

设备折旧费用是指企业根据反渗透法苦咸水淡化系统的固定资产原值，扣除不提折旧的固定资产因素，按照规定的残值率和折旧方法计算提取的折旧费用。对于大规模的苦咸水淡化系统，膜的设计使用寿命一般按 5 ~ 7 年计算，其他部件设计使用寿命按 10 年计算。

综合运行成本的分析，反渗透法苦咸水淡化系统运行吨水成本一般在 1.5 ~ 2.8 元。运行成本中人工费用占总运行成本的 40%~45%，即吨水成本为 0.60 ~ 1.1 元，且随着产水规模的增大，人工费用逐渐下降；电耗费用占总运行成本的 45%~50%；其他费用占总运行成本的 5%~15%。

4.4 纳滤法苦咸水淡化系统经济分析

4.4.1 纳滤系统投资

纳滤系统主要由预处理系统、纳滤装置、电气控制系统及相应的管道阀门、辅助加药系统组成。影响纳滤法苦咸水淡化的主要因素是原水水质，因此预处理部分的投资费用会因水质不同而差别很大（张葆宗，2004）。

1）预处理系统的投资

纳滤系统的预处理方案可采用如下几种：多介质过滤、直流混凝+多介质过滤、直流混凝+多介质过滤+活性炭过滤、混凝沉淀+多介质过滤+活性炭过滤、微滤或超滤。

表 4-7 为各种预处理方案相对投资比例。

表 4-7　各种预处理方案的相对投资比例　（单位：%）

预处理方案	多介质过滤	直流混凝+多介质过滤	直流混凝+多介质过滤+活性炭过滤	混凝沉淀+多介质过滤+活性炭过滤	微滤或超滤
相对投资比例	1	2.5	4	5.6	7

由表 4-7 可以看出，纳滤系统预处理的费用差别非常大。因此水源的选择对于纳滤系统的预处理费用至关重要。

绿色环保产业的逐渐发展，以及膜法预处理相对可靠性更高等，使微滤或超滤作为纳滤装置前的预处理得到了广泛应用。

2）纳滤系统的投资

（1）水温的影响。纳滤膜元件的运行水温在 5～35℃，一般情况下，温度每降低 1℃，产水量会下降 3%，由于膜元件产水率降低，系统膜元件数量就要相应增加，投资费用也会随之升高。在设计中需要根据实际情况考虑投资费用和运行费用两方面的影响，主要为膜元件增加的费用与高压泵运行压力引起的电耗的增加，以及原水加热装置的投资费用与蒸汽能耗的费用。

（2）给水 TDS 的影响。苦咸水在正常的 TDS 范围内，膜元件选用数量与正常设计数量比值可以控制在 5%～10%，相应影响纳滤装置的投资费用可控制在 5% 以内。

（3）纳滤法苦咸水淡化系统投资构成。按照费用构成的比例，纳滤法苦咸水淡化系统投资构成比例如图 4-5 所示。

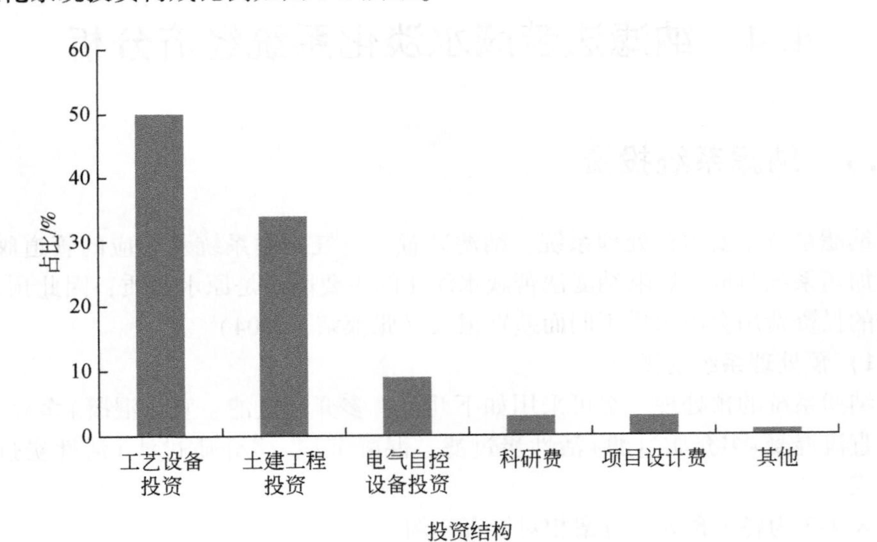

图 4-5　纳滤法苦咸水淡化系统投资构成比例

从图 4-5 可知：构成纳滤苦咸水淡化投资系统的主要成本是工艺设备投资，占系统总投资的 50% 左右，工艺设备含预处理设备、纳滤主机设备及系统加药设备等；其次是土建工程投资，约占系统总投资的 34%，土建工程包括设备间主体结构、设备基础、公共用房等；由《反渗透和纳滤膜产品技术手册》和《FILMTEC™反渗透和纳滤膜元件产品与技术手册》可知，电气自控设备投资约占系统总投资的 10%，电气自控设备投资在系统投资构成中的变化与客户的需求和自动化程度有关。

4.4.2 纳滤法苦咸水淡化系统的运行成本

纳滤苦咸水淡化系统的运行成本包括水费、电费、药剂费用、管理费、人员工资、设备维修及维护费。如果计算吨水成本，需要计入设备折旧费，尤其是膜元件更换的费用。

以上所列水费、电费、药剂费用与设备运转时间及设备规模产水量有直接关系，因此相对是比较固定的。而设备折旧费、人员工资、管理费与设备是否正常运转或设备运转时间无直接关系，因此，对于这些费用，则设备利用率越高，均摊到吨水运行成本中的费用就越低。

运行总成本费用估算（元/吨）= 电费+药剂费用+水费+人员工资+设备维修及维护费+设备折旧费（摊销费）

1）电费

电费主要是纳滤系统为完成苦咸水淡化过程所需要的动力费用，包括各种水泵、计量泵的动力费用。根据不同规模纳滤系统，吨水电耗为 0.8 ~ 1.8kW · h。

2）药剂费用

药剂费用包括纳滤系统预处理、后处理以及化学清洗系统所需药剂折合的吨水费用总和。纳滤系统使用的药剂主要包括混凝剂、助凝剂、阻垢剂、化学清洗药剂。药剂费用主要受药剂市场价格的波动，吨水药剂费用为 0.15 ~ 0.20 元。

3）水费

水费是指将纳滤系统的产水量折合成进水量，按照进水总量收取的费用。对于地表水或地下水，一般按照资源补偿费征收进水水费。

4）人员工资

人员工资主要是指操作和维护纳滤系统的操作工人、维修工人的基本工资、绩效工资、奖金及福利工资等。人员工资根据地域的不同及纳滤系统出力大小而配套的人员数量不同，存在很大差异。

5）设备维修及维护费

纳滤系统在正常运行条件下，出现的设备损耗和仪表、配件损坏后的更换费用称为设备维修及维护费。根据纳滤系统配置、选型不同及操作人员的技术水平差异，设备维修及维护费有一定的差别。设备配置水平越高，设备选型质量越高，操作人员的技术水平越高，则设备维修及维护费越低，反之则越高。

6）设备折旧费

设备折旧费是指企业根据纳滤膜苦咸水淡化系统的固定资产原值，扣除不提折旧的固定资产因素，按照规定的残值率和折旧方法计算提取的折旧费。对于大规模的苦咸水淡化系统，纳滤膜的设计使用寿命一般按 5 ~ 7 年计算，其他部件设计使用寿命按 10 年计算。

综合运行成本的分析，纳滤法苦咸水淡化系统运行成本一般在 1.2 ~ 2.4 元/t。运行成本中人工费用占总运行成本的 45%~50%，即吨水成本为 0.54 ~ 1.2 元，且随着产水规模的增大，人工费用逐渐下降；电耗费用占总运行成本的 35%~40%；其他费用占总运行成本的 10%~20%。

第5章 有代表性的大型工程案例介绍

5.1 蒸馏法苦咸水淡化典型案例

蒸馏法苦咸水淡化典型案例选择中石化西北局托甫基地24t/d 8效板式蒸馏苦咸水淡化工程进行介绍（图5-1）（苗超等，2017）。

1）工程概况

该工程位于新疆巴音郭楞蒙古自治州轮台县，是中石化西北局托甫生活基地热、电、水联供项目中淡水供应部分，联供系统由一台600kW燃气发电机组配套余热锅炉、槽式太阳能集热器及板式蒸馏苦咸水淡化装置组成。冬季利用燃气发电机组缸套高温水为公寓提供生活热水和采暖供热，利用尾气余热进行苦咸水淡化；夏季燃气发电机组停用，生活热水和苦咸水淡化热能由太阳能集热器提供。针对项目地热源供给条件，通过采用8效蒸发器重复利用蒸汽热能；分组进料预热原料水；板间降膜蒸发强化传热；淡水、浓水闪蒸罐回收热量等系统节能设计，实现热源高效利用，保证装置产水。工程中的8效板式蒸馏苦咸水淡化设

图5-1 中石化西北局托甫基地24t/d 8效板式蒸馏苦咸水淡化装置

备，既能适应冬季发电机组尾气余热，又能适应太阳能集热器热源，水回收率高达75%。该项目工程的蒸馏苦咸水淡化装置全部技术工作由自然能源部天津海水淡化与综合利用研究所负责完成，工程已于2015年7月顺利调试完成，投入使用，成功产水。

2）水源及热源情况

（1）工程中苦咸水淡化原水来自托甫基地地下苦咸水，取水量为7m^3/h，其中补充原料水1.5t/h左右，原水经预处理后作为8效板式蒸馏苦咸水淡化装置的原料水。

（2）装置采用太阳能热水为加热热源，加热进水温度为95℃，加热出水温度为90℃，热水流量为25t/h左右，热水压力为0.3MPa。

（3）浓盐水经浓盐水泵直接排至系统外，流量为0.5t/h左右。

（4）产品水含盐量小于50mg/L，流量为1t/h左右，经淡水泵输送至产品水箱。

3）预处理系统

对于低温多效苦咸水淡化装置，其原料水的浊度只要不大于20NTU就可以直接进入淡化装置，为保证系统安全，在输水管道上安装网状过滤器，以除去有可能夹带进入设备的沙粒。

为防止板片蒸发换热结垢，需要控制原料水硬度不大于30ppm。本系统设置了精密预处理系统，可将原料水硬度从4800ppm降低至30ppm。苦咸水预处理工艺流程如图5-2所示。

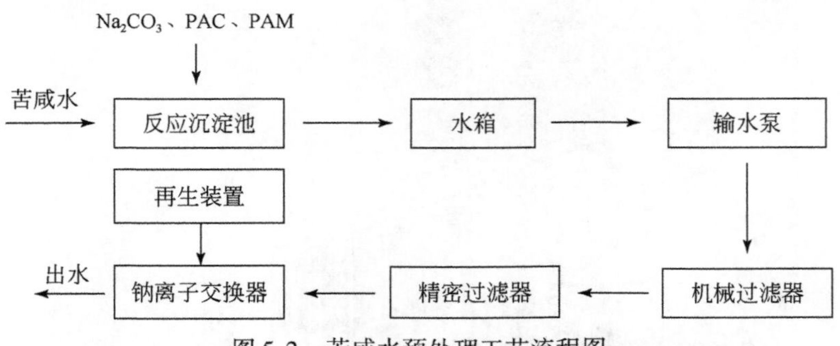

图5-2　苦咸水预处理工艺流程图

首先将苦咸水输送至反应沉淀池，在反应沉淀池内添加Na_2CO_3溶液，进行搅拌以便反应充分，反应后，苦咸水进入第二反应池，此时投加PAC、PAM溶液，进行充分搅拌混合，同时测试水的pH并调整pH到合适的酸碱度范围，然后矿井水进入平流沉淀池进行沉淀，上清液进入水箱，沉淀物从反应池下部排除，上清液进入水箱后，再使用输水泵将其输送至机械过滤器和精密过滤器，过滤后进入钠离子交换器进行除硬软化处理。

4）装置及设备

该工程中苦咸水淡化装置采用8效蒸发器+1效冷凝器的结构，整台装置的设计产量为24t/d（1.0t/h）。装置采用整体安装方式，即所有设备安装在一个整体支架上，结构设计为框架式，通过在内部布置隔板分离出各效空间，在每个隔断空间内布置板片、进水系统、汽液分离系统等，使得每一隔断空间构成低温多效蒸馏传统意义上的1“效”。1效蒸发器与8效蒸发器依次串联相连，最后一效再与冷凝器连接。该装置可整体进行运输，有利于减少现场工作量，并快速投入使用。

苦咸水送到冷凝器中，与蒸汽侧蒸汽换热，蒸汽凝结放热，冷却水吸热升温。升温后的冷却水一部分排放，另一部分进入原料水预处理系统。预处理后的原料水经补水泵和循环泵被输送至5～8效板式蒸发器，在料液侧受热降膜蒸发，蒸发的二次蒸汽作为下一效的加热蒸汽。5～8效浓盐水通过效间泵被输送至1～4效板式蒸发器，在料液侧受热降膜蒸发，蒸发的二次蒸汽作为下一效的加热蒸汽。1～8效浓盐水依靠效间压差，在1～8效板式蒸发器或闪蒸罐逐级自流和闪蒸，最后从8效闪蒸罐流出，通过浓水泵排出。1～8效浓水闪蒸蒸汽分别与本效蒸发的二次蒸汽一起作为下一效加热蒸汽。

加热热水来自太阳能集热系统，进入1效板式蒸发器加热料液，然后再返回太阳能集热系统，重复循环。1效蒸发器蒸发的二次蒸汽，进入2效蒸发器蒸汽侧加热料液侧料液，蒸汽凝结放热生产淡水汇聚至2效淡水箱，然后依靠效间压差自流到3效淡水箱闪蒸，闪蒸后同3效淡水一起自流至4效淡水箱闪蒸，如此重复，最后从8效淡水箱经淡水泵送至产品水箱。

蒸发器和冷凝器蒸汽侧和料液侧均为负压，采用水环式真空泵抽出不凝结气体，维持系统的真空。

8效板式蒸馏苦咸水淡化设备的主要技术参数见表5-1。

表5-1　8效板式蒸馏苦咸水淡化设备的主要技术参数

序号	参数名称	单位	设计值
1	蒸发器效数	效	8
2	产水量	t/h	1.0
3	产品水含盐量	mg/L	<50
4	热源热水温度	℃	95～100
5	产品水温度	℃	≤30
6	苦咸水总需求量	t/h	7.0
7	浓盐水排放	t/h	0.5

5）系统工艺流程

该项目8效板式蒸馏的原料苦咸水被取出后，经冷凝器预热后，一部分加入阻垢剂、消泡剂送入淡化装置蒸发器，开始蒸发；淡化装置的产品水供用户使用，余下的浓盐水排出系统。整个淡化过程主要由以下6个系统组成：①进料水系统。苦咸水淡化装置的原水为新疆轮台托甫基地地下苦咸水。苦咸水给水主管供至淡化系统冷凝器中，加入4ppm阻垢剂、0.2ppm消泡剂后送入苦咸水淡化装置的冷凝器中。为防止异物堵塞冷凝器板缝，在进料苦咸水管路上安装有网状过滤器。在冷凝器中苦咸水被预热、脱气后，部分苦咸水作为各效蒸发器蒸馏过程的进料苦咸水，首先进入预处理系统，预处理后原料水经补水泵与循环浓盐水混合，然后经循环泵进入5～8效板式蒸发器中，料液在5～8效板式蒸发器中受热蒸发，蒸发后的浓盐水汇合后经效间泵进入1～4效板式蒸发器。各效进料口管路设置流量计，用于调节进料量。②产品水系统。原料苦咸水在第1效与太阳能热水换热，受热蒸发，产生的蒸汽在2效板式蒸发器中凝结，凝结淡水汇聚到2效淡水箱。2效淡水依靠压差自流至3效淡水箱闪蒸，闪蒸后同第3效的淡水一起自流至4效淡水箱闪蒸，依次类推，第8效淡水和冷凝器淡水汇合后经淡水泵输送至产品水箱。淡水排放管路设置压力、温度、流量、电导等监控仪表。③浓盐水系统。料液在1～4效板式蒸发器中受热蒸发，1效中蒸发后的浓盐水送到2效闪蒸，闪蒸后汇同2效浓水送到3效闪蒸，依次类推。8效闪蒸后浓水分为两部分，一部分经浓水泵排放，大部分与补充原料水混合经循环泵送至5～8效板式蒸发器蒸发，5～8效浓盐水汇合后作为1～4效料液，重复循环；另一部分通过循环泵排至系统外，浓盐水排放管路设置压力变送器和压力开关以及流量仪表。④抽真空系统。本装置为负压操作，通过水环式真空泵将装置内不凝气抽出排入大气，建立和保持系统的真空度。抽真空方式分为并联和串联两种，可以自由切换。不凝性气体从1～8效板式蒸发器和冷凝器抽出。每一路的抽真空管路上安装有针形调节阀，用于调节各效的真空度。1～8效板式蒸发器和冷凝器筒体分别设置真空度和温度仪表。⑤加热水系统。本装置热源来自太阳能热水，加热热水参数为：压力0.3MPa，温度95℃，流量25t/h。热水进入1效板式蒸发器加热料液，自身温度降至90℃，返回太阳能集热系统。加热热水管路设置压力、温度和流量监控仪表。⑥辅助系统。阻垢剂加入装置由1台阻垢剂计量泵、储罐和相关管路组成。阻垢剂计量泵将阻垢剂加入进冷凝器的苦咸水中，以减少或避免苦咸水蒸发时在板片结垢。消泡剂加入装置由1台消泡剂计量泵、储罐和相关管路组成。消泡剂计量泵将消泡剂加入进冷凝器的苦咸水中，以减少或避免苦咸水在蒸发器中产生气泡。为清除板片污垢，淡化装置设有清洗功能。清洗装置由清洗药溶解箱、清洗泵和清洗管路组成。清洗时该系统与各效的给水管路配合使用。清洗泵可以将清洗箱中的清洗液分别打入各效及冷凝器中，对各效进行清洗。清洗环路的选择通过管路阀门调节控制。

5.2 反渗透法苦咸水淡化典型案例

5.2.1 沧州 18 000t/d 高浓度反渗透苦咸水淡化工程

1）项目概述

该工程位于河北省沧州地区，该地区的淡水资源严重匮乏，年人均水资源量仅为全国年人均量的 8%，黄骅靠近渤海，淡水资源更加缺乏，供应紧张，严重制约了当地工农业的发展，当地居民也不得不常年饮用含盐量超标的苦咸水。经过当地水文地质部门勘测，该地区 50～250m 浅层地下水储量丰富，含盐量在 10 000～20 000mg/L，成分复杂。经长时间的调研和论证，决定采用先进的反渗透技术，处理这部分浅层地下高浓度苦咸水，为此建设了 18 000t/d 高浓度反渗透苦咸水淡化工程，水回收率高达 75%。该工程已于 2000 年 9 月顺利调试完成，并投入使用，成功产水（杨涛，2002）。

2）水源取水及产水情况

（1）经勘探试验，确定了该水源地的两个开采段，即 5#开采段 0～120m，7#开采段 120～250m，且两开采段含水层岩性均以粉砂为主，同时还确定了同取水层两眼井的间距为 1500m 左右，不同取水层两眼井间距为 40～50m 的井群布置方案。这样既保证水量的充足供应，又可减少井群布置面积，节省输水管线。同时针对高浓度苦咸水腐蚀性大的特点，在井管和多级离心水泵的选材方面都做了特殊的要求和处理，并经试验确定了合适的材质。根据设计的原水指标和原水需求量，结合水源地水文地质条件，如各开采段的单井涌水量水质、将来整个水源地开采运营管理等条件，对水源地咸水各开采段不同混合比例的水质进行了计算，首先用体积加权平均求出各勘查试验段的水质平均值，用各段水质平均值按不同体积的混合比例试算混合咸水水质。经过分析对比，在选用两眼备用井的基础上，最后确定了 30 眼井的开采方案。从开采后的实际运行来看，该取水方案水质稳定可靠，保证了装置的稳定运行。在反渗透苦咸水淡化系统中，给水预处理是保证反渗透系统长期稳定运行的前提。取水量为 24 000m^3/d，原水经添加 NaOH、PAC、NaClO 后，由原水泵送往预处理系统。

（2）反渗透产水量为 18 000m^3/d。

（3）产水水质：符合《生活饮用水卫生标准》（GB 5749—2006），其中总溶解固体含量<500mg/L。

（4）反渗透系统回收率为75%。

（5）反渗透系统脱盐率≥98%。

（6）单位耗电量为3.15kW·h/t。

3）预处理系统

对于苦咸水淡化系统，给水预处理是保证反渗透系统长期稳定运行的关键，在制定该项目预处理方案时必须充分考虑到：高浓度苦咸水含盐量高，硬度高，易腐蚀，易结垢；由于开采段在粉砂层，且原水中 Fe^{2+} 含量较高，原水的浊度较大；反渗透淡化系统采用膜材料为芳香聚酰胺的膜元件，其耐氧化性差，对给水余氯含量有一定要求。从上述因素出发，制定了如图5-3所示的苦咸水预处理工艺流程。

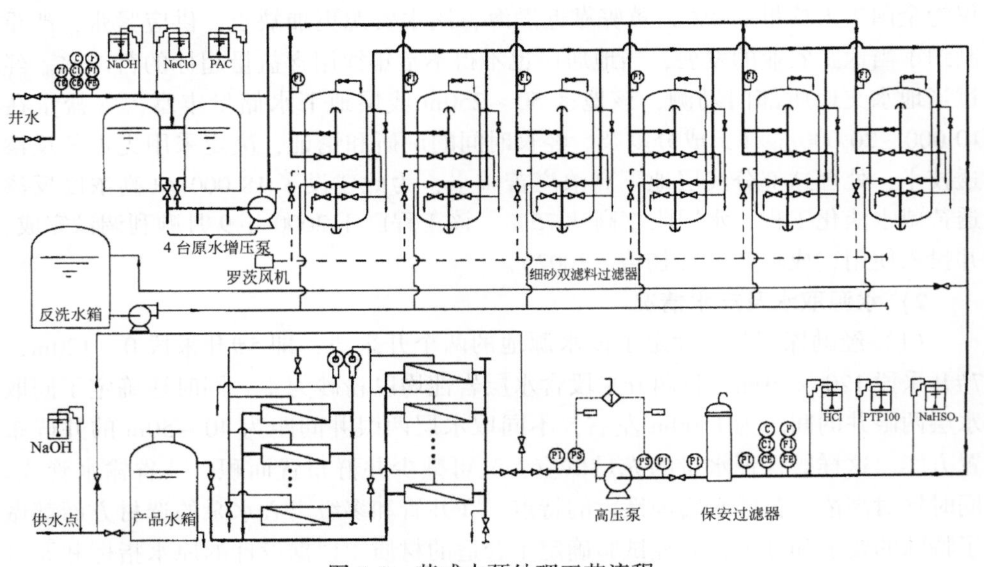

图5-3　苦咸水预处理工艺流程

（1）原水池简单曝气，次氯酸钠氧化除铁、杀菌。为防止原水中细菌和微生物的生长，在预处理中必须对原水进行杀菌。考虑到沧州化工实业集团有限公司自产次氯酸钠，故选用次氯酸钠作为杀菌剂。由于原水中 Fe^{2+} 含量较高，大大超出了进入反渗透膜的 Fe^{2+} 含量要求，必须在前面除去。为此我们在试验装置上进行了除 Fe^{2+} 试验，为了简化流程，在试验基础上，采用了氧化加简单曝气，结合直流过滤，除 Fe^{2+} 并杀菌的方法。

（2）混凝过滤旨在去除原水中的胶本和悬浮杂质，并降低浊度。在反渗透脱盐工程中要求进入反渗透系统的污染密度指数（SDI）≤4。从高浓度苦咸水的特征出发，选用了聚合氯化铝（PAC）作为混凝剂，采用表面接触混凝过滤的办法。采用细砂和无烟煤等粒径近的细砂双滤料过滤器作为预处理的主要过滤手段。

细砂双滤料过滤器是对多介质过滤器和细砂过滤器的有机结合，其将两道过滤合并为一道过滤。预处理系统设置了 24 台细砂双滤料过滤器，滤速控制在 7m/h 以下。该系统具有很强的操作稳定性、运行连续性和缓冲能力，运行中，出水的污染指数值始终小于 3.0，大部分时间介于 1.0～2.0，完全符合反渗透淡化系统给水的浊度要求。

（3）防止结垢沉淀。由于高浓度苦咸水中很多易结垢的离子含量偏高，淡化系统回收率高达 75%。在淡化过程中因浓缩会产生难溶无机盐类沉淀，影响反渗透膜的使用效果和寿命，因此必须添加阻垢剂。目前国内外常用的有六偏磷酸钠、硫酸或专门研制的复合阻垢剂。由于水质成分复杂，易结垢离子较多，所以我们只好选用了国外进口的复合阻垢剂。通过实验室试验，确定了阻垢剂的类型及合适添加量，有效防止了难溶无机盐类由于脱盐浓缩在反渗透膜表面结垢沉淀。

4）控制和操作系统

DCS 将对细砂双滤料过滤器进行自动顺序控制，包括过滤器投运、停止、反洗和正洗，并可实现手动控制、自动控制、半自动控制。

5）反渗透淡化系统

（1）系统配置情况。本装置采用国产海水膜元件及引进关键设备通过认真权衡和比较，最后选用了葫芦岛市北方膜技术工业有限公司生产的海水膜元件，用量达 1050 支。

关于膜元件以外的关键设备，如高压泵和能量回收装置等，为保证质量，提高可靠性，通过分析和比较，最终决定从国外引进高压泵和能量回收装置。

高压泵采用四级离心泵，具有高效、运行平稳等特点，其材质为双相不锈钢，耐腐蚀程度很好，可应用于海水。

能量回收装置采用水力透平机结构，安装在一段、二段膜元件中间。不仅可回收浓水能量，还可用于段间升压。利用第二段浓水压力给第一段浓水升压。其材质为高合金不锈钢 2205，其耐腐蚀程度远高于 316L。

（2）反渗透工艺和控制系统。自动控制系统包括由以微处理机为基础的可编程控制器（PLC）和操作员站组成的分散控制系统（DCS）、部分现场仪表、现场制设备，实现对整个工艺系统的检测、控制、报警、联锁及事故处理等功能。

DCS 对反渗透装置进行自动顺序控制，并可实现手动控制、自动控制、半自动控制，反渗透系统的启停操作可以由 PL 实现顺序控制，也可以在控制室通过工控机的键盘对反渗透系统的每一个设备进行手动单操，并通过 CRT 监视各设备的运行状态。

对淡化系统水质、温度、流量、余氯及 pH 等相关物理模拟信号实现显示存储、统计、制表和打印功能。

为确保系统自动、安全、稳定运行，在工艺和控制技术采取如下措施：

高压泵前、后分别设置低、高压保护开关，当给水流量和压力出现反常时系统将自动联锁报警、停机，以保护高压泵和反渗透膜元件。

为防止高压泵突然启动升压产生对反渗透膜元件的高压冲击，破坏反渗透膜，该工程在高压泵出口装设了慢开电动截止阀，当给水高压泵启动时，该阀接受 PLC 的指令信号，慢慢开启，以防止发生水锤，损坏反渗透膜元件。

淡化水冲洗系统。一旦反渗透装置停止运行，即启动淡化水冲洗系统，置换出反渗透膜组件中的浓缩水，以防止处于亚稳定状态的过饱和微溶盐在停车期间出现沉淀。

为防止操作人员误操作，系统在实施每一步实际操作时，上位机程序画面都要提示操作人员进行两次确认。确认正确后，系统才可投入运行。

（3）节能降耗。扩大高浓度苦咸水工程的规模，形成规模生产，可以节省投资，使设备达到最佳运行状态，节省运行费用，节省能耗，从而降低制水费用，该工程在这方面已有所体现。

该工程在一、二段膜堆中间设置了 HTC2450 能量回收装置，以回收将排放的高压浓水的能量，用于段间增压，实际运行中效率达 70%，使反渗透高浓度苦咸淡化系统能耗降低 30% 左右。

6）系统运行情况与结果

该工程于 1999 年 6 月开始设计及设备选型和制造工作，2000 年 3 月开始安装工作，9 月中旬试运行产水。

表 5-2、表 5-3 分别列出了高浓度苦咸水淡化系统试运行数据及性能和淡化水水质分析结果。

表 5-2　高浓度苦咸水淡化系统试运行数据

项目	单位	设计值	实测值
井水取水量	m^3/h	1060	1054
淡化水产量	m^3/h	750. 8	772. 4
淡水水质	mg/L	<500	247. 2
水回收率	%	75. 0	77. 0
水温	℃	25	16. 6
耗电量	kW · h	2000	1985
单位产水耗电量	$kW \cdot h/m^3$	3. 15	2. 75
反渗透进水压力	kgf/cm^2	38. 8	38. 2

续表

项目	单位	设计值	实测值
能量回收率	%	28 ~ 30	29.8
化学剂注入量			
NaClO	mg/L	10	8
PAC	mg/L	8	5
$NaHSO_3$	mg/L	3	3
阻垢剂	mg/L	2.7	2.5

表 5-3　淡化水水质分析结果

项目	混合井水	淡化水	《生活饮用水卫生标准》（GB 5749—2006）
电导率（25℃）/(μS/cm)	21 271.72	477.02	
溶解性总固体/(mg/L)	12 891.95	247.16	1000
pH	7.5	5.9	6.5 ~ 8.5
总碱度/(mg/L)（$CaCO_3$计）	522.92	17.51	4.50
总硬度/(mg/L)（$CaCO_3$计）	3 327.66	27.52	
K^+、Na^+/(mg/L)	3 659.23	86.0	
Ca^{2+}/(mg/L)	270.54	4.01	
全 Fe/(mg/L)	2.00	0.02	0.3
Mn^{2+}/(mg/L)	0	0	0.1
HCO_3^-/(mg/L)	637.66	21.36	
CO_3^{2-}/(mg/L)	0	0	
Cl^-/(mg/L)	6 638.01	134.71	250
SO_3^{2-}/(mg/L)	1 344.84	7.20	250
NO_3^-/(mg/L)	<0.04	0	
SiO_2/(mg/L)	10.0	<1.0	2
游离 CO_2/(mg/L)	0	0	

通过连续运行 1000 多个小时的考核和测试表明，该工程运行参数稳定，设备正常、自控满足工艺需求，性能指标达到了设计要求，日产淡水 18 000t 以上，反渗透系统水回收率>75%，将浓度 13 000mg/L 左右的苦咸水脱盐至 500mg/L 以下，水质优于《生活饮用水卫生标准》（GB 5749—2006）。单位产水耗电量为

2.92kW·h，达到了预期的技术经济指标，该项目的工程技术和经济指标已接近国际先进水平。

7）经济分析

该工程不仅改善和扩大了沧化集团新厂区的供水系统，缓解了供水紧张局面，提高了供水水质，还从系统整体上提高了供水的安全性和保障率。同时每年给沧州市节约淡水约600万t，也对国内同类地区水资源的开发利用具有很好的示范作用，社会效率明显。

（1）反渗透工程造水成本计算依据。生产能力：1800t/d；工程总投资：7300万元；利息：长期6.03%，短期5.85%；装置开工率：8000h/a；电费：0.42元/(kW·h)；单位产水能耗：2.92kW·h/吨产品水；职工：14人，年人均工资24 000元；折旧年限20年；RO膜寿命：5年；维修费：按总投资的1%计。

（2）吨水成本。折旧费（含利息）：0.69元/t；水资源费：0.21元/t；电费：1.23元/t；化学药剂费：0.68元/t；膜更换费：0.24元/t；维修和大修费：0.45元/t；工资福利：0.09元/t；管理费：0.10元/t；合计：3.69元/t。

8）结论

沧州18 000t/d高浓度反渗透苦咸水淡化工程总体设计工艺先进，设备布置合理。段间能量回收装置系在国内高浓度苦咸水淡化工程中首次采用，有助于节能降耗。该项目所处理的原水含盐量高，成分复杂，腐蚀性大，处理难度高。采用国际先进的DCS控制系统，保证了系统运行安全可靠。结合预处理过滤器变速运行设计，实现了装置运行的连续化、自动化。通过对系统的考核和测试，结果表明各项技术指标达到了设计要求，制水成本经济合理，有很好的示范和推广作用。

5.2.2 庆阳16 320t/d低浓度反渗透苦咸水淡化工程

1）项目概述

该工程位于甘肃省庆阳地区，该地区地处黄土残塬沟壑区，是甘肃省干旱缺水地区之一。在有限的水资源中，马莲河上游约2500万m^3的苦水汇入河道，加之下游排污，使整个干流4.75亿m^3的水不能利用。该工程采用了反渗透浓水回收装置，反渗透苦咸水淡化装置产水量为16 320t/d，水的回收率达到85%以上。该工程已于2008年12月顺利调试完成，并投入使用，成功产水。系统运行数据表明，各项技术指标达到了设计要求，水质经检验达到国家《生活饮用水卫生标准》(GB 5749—2006）要求（王应平等，2010）。

2）水源取水及产水情况

（1）原水取自二水厂经消毒处理后的出水，取水量为19 200m^3/d，原水水质指标见表 5-4。

表 5-4 二水厂原出水水质

总硬度（以 $CaCO_3$ 计）/(mg/L)	硫酸盐/(mg/L)	溶解性总固体/(mg/L)	浊度/NTU
540	400	1500	5

从表 5-4 可知，二水厂原出水水质浊度、总硬度、硫酸盐、溶解性总固体超标，达不到国家《生活饮用水卫生标准》（GB 5749—2006）要求。

（2）反渗透产水量为 16 320m^3/d。

（3）产水水质：达到国家《生活饮用水卫生标准》（GB 5749—2006）要求。

（4）反渗透系统回收率≥85%。

（5）反渗透系统脱盐率≥98%。

（6）单位耗电量为 2. 2kW · h/t。

3）预处理系统

预处理的作用是对原水进行初级处理，去除水中的杂质和污染物，使进水符合反渗透膜的要求。

根据对二水厂出水水质、产水量、水回收率、勾兑水水量等因素考虑，设计如图 5-4 所示的苦咸水淡化处理工艺流程。

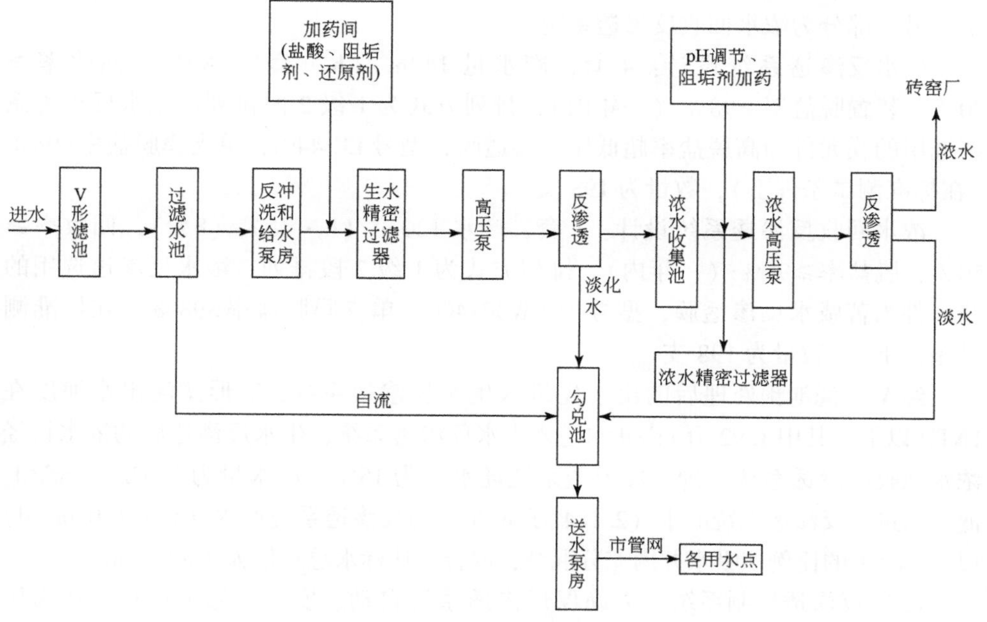

图 5-4 苦咸水淡化处理工艺流程

（1）预处理主单元采用 V 形滤池，滤池进水量为 4.32 万 m^3/d，反冲洗耗水占 5%，产水量为 4.1 万 m^3/d。该池为均质瓷石滤料气水反冲洗滤池，滤池分 2 组共 4 格，单排布置，单格过滤面积为 $63m^2$。采用全自动节水型过滤与气水反冲系统，全部过程由 PLC 进行调整与控制。

（2）主要技术指标。平均滤速为 7m/h，气冲强度为 $15L/(s \cdot m^2)$，水冲强度为 $4L/(s \cdot m^2)$，总冲洗历时 12min，滤料粒径为 0.95 ~ 1.35mm，滤料厚度为 1.3m。

（3）反冲洗泵房。V 形滤池反冲洗采用气冲和水冲系统，系统配置主要由鼓风机、反冲洗泵和保安过滤器增压泵组成，工作状态均由 PLC 控制。主要配置：反冲洗水泵 3 台（2 台使用，1 台备用），Q（流量）$= 480m^3/h$，H（扬程）$= 10m$，N（功率）$= 22kW$；鼓风机 3 台（2 台使用，1 台备用），$Q = 32.7m^3/min$，$P = 44.1kPa$，$N = 37kW$；保安过滤器增压泵 4 台，$Q = 220m^3/h$，$H = 30m$，$N = 30kW$。

4）反渗透淡化系统

（1）系统配置情况。反渗透淡化系统主要去除水中的溶解盐类，同时去除一些有机大分子、前阶段未去除的小颗粒等，包括 5μm 保安过滤器、高压泵、反渗透装置、反渗透清洗系统等。该工程采用东丽公司的 TML20-370 型反渗透膜，单根膜脱盐率可大于 99.5%。该系统由两部分组成，一部分为生水反渗透系统，另一部分为浓水回收反渗透系统。

生水反渗透系统设计：4 套，产水量 $140m^3/(h \cdot 套)$（8℃），回收率≥70%，装置脱盐率≥98%（一年内）；排列方式为 1 级 2 段排列；生水反渗透系统选用的膜元件为高脱盐率超低压反渗透膜，型号 LE-440i，单支膜脱盐率>98%（在标准测试条件下），数量为 198 支。

浓水回收反渗透系统设计：1 套，产水 $120m^3/(h \cdot 套)$（8℃），回收率≥50%，脱盐率≥98%（一年内）。排列方式为 1 级 2 段排列；浓水反渗透选用的膜元件为苦咸水反渗透膜，型号为 BW30-400，单支膜脱盐率>98%（在标准测试条件下），数量为 198 支。

经 V 形滤池预处理后的出水先进入生水反渗透系统，V 形滤池出水浊度在 1NTU 以下，其中 1.92 万 m^3/d 水进入生水反渗透系统，生水反渗透后的浓水再经浓水回收反渗透系统处理，反渗透系统耗水量为 15%，产水量为 1.632 万 m^3/d。滤后未进入反渗透系统的水（2.184 万 m^3/d）与反渗透系统产水（1.632 万 m^3/d）以 1.34：1 的比例在吸水井内充分混合，混合后达标水总水量为 3.82 万 m^3/d。

（2）反渗透控制系统。为确保反渗透系统自动、安全、稳定运行，在高压泵前后都设置了低、高压保护开关，以保证在流量变化和压力出现反常时，系统可以实现自动停机。同时还在控制系统中开发了数据采集功能、图形功能、控制功能、报警功能及安全操作、动态显示、数据管理、自动生成报表、自诊断等功能供生产管理之用。除膜元件以外，还非常重视关键设备的选用，如为保证质量，提高可靠性，高压泵采用格兰富卧式单级离心泵。

控制系统设监控中心，也称监控主站或上位控制站，是自动控制系统中的管理控制层。中心控制站设在深度处理车间变电所的控制值班室，为监控、管理计算机系统，其功能为完成全厂生产设备的自动控制和生产调度管理。其主要完成人机交互和对系统中各类参数的设置、监视、数据保存等操作，具有清晰的流程图画面，不仅可以实时动态显示工艺流程及生产设备运行情况，也可以在流程图画面上对现场设备进行手动操作，向 PLC 发出指令。生产过程的运行数据可以进行历史存储。操作站具备开放软件及网络通信接口。中心控制站由监控计算机、管理计算机、打印机组成，所有工艺参数、工艺流程图画面等均在计算机屏幕上显示。为了确保监控系统的供电可靠性，设置 UPS 装置 1 台。

现场 PLC 控制站是自动控制系统中的现场控制层。现场控制站（又称下位控制站）能独立完成对现场设备的直接控制功能，即使在失去与中心控制站或其他网络结点通信联络的情况下，也能正常工作。其主要功能是完成操作采集［开关量信号（如控制阀门的开关信号）和模拟量信号（如流量、压力、电导率等)］和自动控制。它可以根据预先编写完成的控制程序实现自动控制，也可以将采集到的各种控制信号传给中心控制站，完成显示、记录、报警等工作，还可以根据中心控制站的指令完成对工艺设备的控制。现场控制站由 CPU 卡、电源卡及拆卸式并分布于设备现场的 D/L、D/O、A/L、A/O 模块组成，扩充及操作维护方便。其输入模块的信号类型可由程序进行选择，输出模块具有直接功率输出功能，能完成各种常规及复杂的控制任务。该工程共设置 4 座 PLC 现场控制站，分别为 V 型滤池、反冲洗泵房、深度处理车间、送水泵房 PLC 现场控制站。

5）系统运行情况与结果

该工程于 2008 年 6 月开始设计及设备选型和制造工作，2008 年 12 月进行调试，于当月一次性调试成功，开始供水。

表 5-5 和表 5-6 分别列出了反渗透苦咸水淡化系统试运行数据和反渗透出水水质分析结果。

表 5-5　反渗透苦咸水淡化系统试运行数据

项目	设计值	实测值
反渗透进水流量/(m^3/d)	19 200	19 200
反渗透产水流量/(m^3/d)	16 320	16 350

续表

项目	设计值	实测值
回收率/%	85	85.2
水温/℃	8	9
日耗电量/(kW·h)	16 000	14 824
单位产水耗电量/(kW·h/m³)	2.2~2.5	2.18
反渗透进水压力（生水）/MPa	0.8~0.9	0.8
反渗透浓水出水压力/MPa	0.5~0.6	0.5
反渗透进水压力（浓水回收）/MPa	0.9~1.0	0.92
反渗透浓水出水压力（浓水回收）/MPa	0.5~0.6	0.5

表 5-6　反渗透出水水质分析结果

项目	V 形滤池出水	反渗透出水		《生活饮用水卫生标准》（GB 5749—2006）
		生水	浓水回收	
电导率/(μS/cm)	1560	15.3	47	
溶解性总固体/(mg/L)	1500	32	96	1~1000
pH	8.2	7.4	7.7	6.5~8.5
硫酸盐/(mg/L)	400	9	31	<250
总硬度（$CaCO_3$计）/(mg/L)	540	8	25	<450
浊度/NTU	1	0	0	<1

运行考核和测试表明，该工程运行参数稳定，设备正常，自控满足工艺需求，性能指标达到了设计要求，整套设备日产淡水在 16 320m³/d 以上，反渗透系统水回收率>85%。单位产水耗电量为 2.18kW·h/m³，达到了预期的技术经济指标。庆阳市属于严重的干旱缺水地区，因此在工程设计上将反渗透系统出水与只经过 V 形滤池过滤的水进行勾兑，勾兑比例为 1∶1.34，经过勾兑后约形成了 3.819 万 m³/d 的生产规模。勾兑后水质检测结果如表 5-7 所示。

表 5-7　勾兑后水质检测结果

项目	勾兑水水质	《生活饮用水卫生标准》（GB 5749—2006）
色度/度	<5	15
溶解性总固体/(mg/L)	819	1 000
臭和味	无	无异臭异味

续表

项目	勾兑水水质	《生活饮用水卫生标准》（GB 5749—2006）
浊度/NTU	<1	<1
肉眼可见物	无	无
氯化物/(mg/L)	148	250
铝/(mg/L)	<0. 008	0. 2
铜/(mg/L)	<0. 003	1
总硬度（$CaCO_3$计）/(mg/L)	339	<450
铁/(mg/L)	0. 02	0. 3
锰/(mg/L)	0. 02	0. 1
电导率/(μS/cm)	31	
pH	8. 1	6. 5 ~ 8. 5
硫酸盐/(mg/L)	180	<250
锌/(mg/L)	<0. 002	1
挥发物（以苯酚计）/(mg/L)	<0. 0022	0. 002
阳离子合成洗涤剂/(mg/L)	0. 09	0. 3
砷/(mg/L)	<0. 01	0. 01
镉/(mg/L)	<0. 005	0. 005
铬/(mg/L)	0. 025	0. 05
氰化物/(mg/L)	<0. 002	0. 05
氟化物/(mg/L)	0. 70	1
铅/(mg/L)	<0. 01	0. 01
汞/(mg/L)	<0. 001	0. 001

从表 5-7 中的数据可以看出，反渗透出水与 V 形滤池出水经过勾兑后，出水水质达到《生活饮用水卫生标准》（GB 5749—2006），可以用于生活饮用水，勾兑后产水生产耗电为 0. 93kW · h/m^3。

6）经济分析

该工程的实施缓解了庆阳市供水紧张局面，提高了供水水质，同时该工程的运行从系统整体上提高了供水的安全性和保障率，促进了庆阳市的整体经济发展，也为招商引资创造了良好的环境。

（1）制水成本计算依据。反渗透生产能力为 16 320m^3/d，勾兑后生产能力为 3. 8 万 m^3/d，工程总投资 3500 万元，利息 5. 6%，电费 0. 85 元/(kW · h)，单位产水耗电量为 2.18kW·h/m³，勾兑后单位产水耗电量为 0.93kW·h/m³，生产人数 12 人，人均年工资 24 000 元，折旧年限 20 年，RO 膜寿命 5 年，维修费按总投资的 1% 计算。

（2）吨水成本。折旧费（含利息）为 0.13 元/t，水资源费为 0.10 元/t，电费为 0.79 元/t，化学药剂费为 0.05 元/t，膜更换费为 0.06 元/t，维修和大修费为 0.03 元/t，工资福利为 0.03 元/t，管理费为 0.04 元/t，合计为 1.23 元/t。

7）结论

庆阳 16 320t/d 低浓度反渗透苦咸水淡化工程为西北地区最大的反渗透低浓度苦咸水淡化工程，施工难度大，技术含量高。反渗透前期预处理首次采用 V 形滤池过滤，以瓷石为滤料，反冲洗效果好，降浊效果好。反渗透浓水回收装置工程，提高了水的回收率（达到了 85% 以上），对于西北干旱、缺水地区具有深远意义。同时该工程采用过滤水与反渗透水勾兑的方法，既达到了供水标准，又降低了运行成本。该工程实例证明，针对西部地区水资源缺乏、苦咸水资源丰富的特点，结合西部地区经济较落后的现状，采用反渗透技术淡化苦咸水的技术是可行的，尤其在西北缺水地区，反渗透技术在淡化苦咸水方面更具有明显优势。

5.3 纳滤法苦咸水淡化典型案例介绍

5.3.1 天津 200t/d 高浓度纳滤苦咸水淡化工程

1）项目概述

该工程位于天津市滨海新区，以北方地区高浓度地表苦咸水（含盐量在 12 000mg/L以上）为对象，采用石英砂过滤-活性炭过滤-超滤-二级纳滤技术脱盐淡化苦咸水，产水作为绿化用水。该工程处理规模为 200m³/d，该工程自建成、调试、投入使用以来，运行状况良好，各项技术指标稳定，具有能耗低、成本低等优点。该工程建设及运行后，在较低的工作压力下，使产水含盐量稳定降低到 600mg/L 以下，总硬度降低到 10mg/L 以下，COD 降低到 2mg/L 以下，产水指标优于《城市污水再生利用城市杂用水水质》（GB/T 18920—2002）中绿化用水标准，部分指标甚至优于《生活饮用水卫生标准》（GB 5749—2006），对本地区以及类似的苦咸水利用具有良好的示范作用（陈晓英等，2013）。

2）原水及产水水质情况

（1）原水为天津市滨海新区某地表湖水，为高浓度苦咸水，原水和设计产水水质指标见表 5-8。

表5-8 原水和设计产水水质指标

名称	原水	产水	绿化用水标准	《生活饮用水卫生标准》(GB 5749—2006)
含盐量/(mg/L)	11 431～13 740	≤600	≤1000	≤1000
总硬度/(mg/L)	2 250～3 152	≤30	—	≤450
Mg^{2+}/(mg/L)	510～685	≤200	—	—
SO_4^{2-}/(mg/L)	583～627	≤20	—	≤250
Cl^-/(mg/L)	4 935～5 364	≤250	—	≤250
pH	7.2～8.1	6.5～7.5	6～9	6.5～8.5
浊度/NTU	3.8～8.4	≤0.1	≤10	≤1
COD/(mg/L)	20～50	≤3	—	3
BOD/(mg/L)	7～19	≤1	20	—
油脂/(mg/L)	未测出	未测出	—	—
表面活性剂/(mg/L)	0.07	未测出	1	0.3

(2) 纳滤产水量为200m³/d。

(3) 产水水质：符合《城市污水再生利用城市杂用水水质》(GB/T 18920—2002)绿化用水标准，部分指标甚至优于《生活饮用水卫生标准》(GB 5749—2006)。

(4) 纳滤系统回收率：一级纳滤回收率为50%，二级纳滤回收率为60%。

(5) 纳滤系统脱盐率为95%

(6) 单位耗电量为2.1kW·h/t。

3) 预处理系统

该工程采用石英砂过滤-活性炭过滤-超滤-二级纳滤技术，以二级纳滤为主，首先利用潜水泵将苦咸水打入预处理水箱（取水位置位于水面下1m)，经过预处理工作泵的作用依次经过石英砂过滤器、活性炭过滤器，去除苦咸水中的悬浮物、浮游生物、泥沙等，再经过超滤膜去除大分子有机物、胶体等，水质即符合进入纳滤膜的进水标准，在一级纳滤泵的作用下进入一级纳滤膜，一级纳滤浓水回流至湖中（距取水点距离超过20m)，产水经过二级纳滤泵作用进入二级纳滤膜，浓水回流至超滤产水箱以提高系统回收率，最终产水作绿化用水。苦咸水淡化工艺流程如图5-5所示。

原水为地表水，水质较差，不能直接进入纳滤膜，因此以石英砂过滤、活性炭过滤、超滤作为预处理手段，使苦咸水得到初步净化，去除水中的悬浮物浮游生物、泥沙、大分子有机物、胶体等，使苦咸水达到进入纳滤膜的标准（SDI小

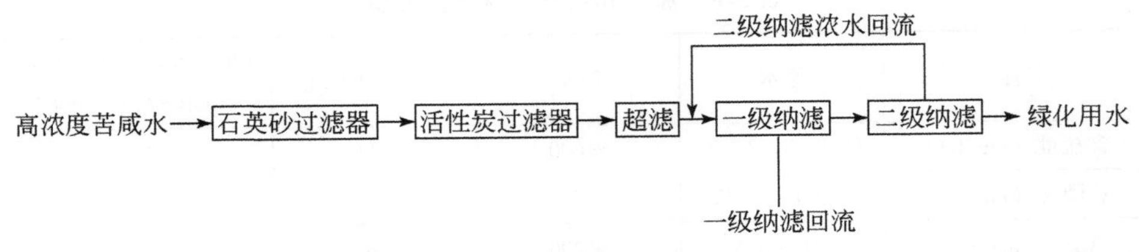

图 5-5　苦咸水淡化工艺流程

于4)。表5-9为原水和预处理出水水质指标。

表 5-9　原水和预处理出水水质指标

项目	原水	预处理出水
浊度/NTU	3.8～8.4	<1
SDI	5～5.5	<3
COD/(mg/L)	18～46	18～46
含盐量/(mg/L)	11 431～13 740	10 500～12 000

预处理是二级纳滤技术的重要组成部分，不仅可以使水质达到纳滤膜进水标准，还可以截留原水中的悬浮物、微生物等物质，可以避免纳滤膜受到机械损伤，更重要的是超滤膜可以去除水中的胶体，对于确保装置长期安全运行以及延长纳滤使用寿命至关重要。该工程采用一台预处理工作泵提供驱动力，工作压力小于0.2MPa，压力损失不超过0.06MPa，超滤部分采用错流过滤，水回收率在95%以上。预处理对可溶解的COD、TDS基本没有截留率，但对浊度有很好的去除效果，SDI指标是表征纳滤膜进水的最重要指标（一般要求小于5)，该工程预处理可以将SDI指标降低到3以下，确保纳滤膜的运行安全。

4）双级纳滤淡化系统

（1）系统配置情况。超滤工作压力：0.2MPa，超滤产水率：95%；一级纳滤膜数量：12支；一级纳滤工作压力0.65～0.85MPa；一级纳滤回收率：50%；二级纳滤膜数量：6支；二级纳滤工作压力：0.50～0.65MPa；二级纳滤回收率：60%（浓水回流至一级纳滤进水)。预处理产水能力22m^3/h，另有二级纳滤浓水回流5.7m^3/h，一级纳滤回收率50%，产水能力8.5m^3/h。

（2）含盐量的去除。二级纳滤对高浓度苦咸水含盐量的去除效果如图5-6所示。

水中含盐量是水中钙离子、镁离子、钠离子、硫酸根离子、氯离子等所有无机离子含量的表征参数，是判断苦咸水的最关键指标。纳滤膜截留无机离子的机理主要有筛分理论、吸附理论、溶解-扩散理论和电荷排斥理论等。工程连续运行

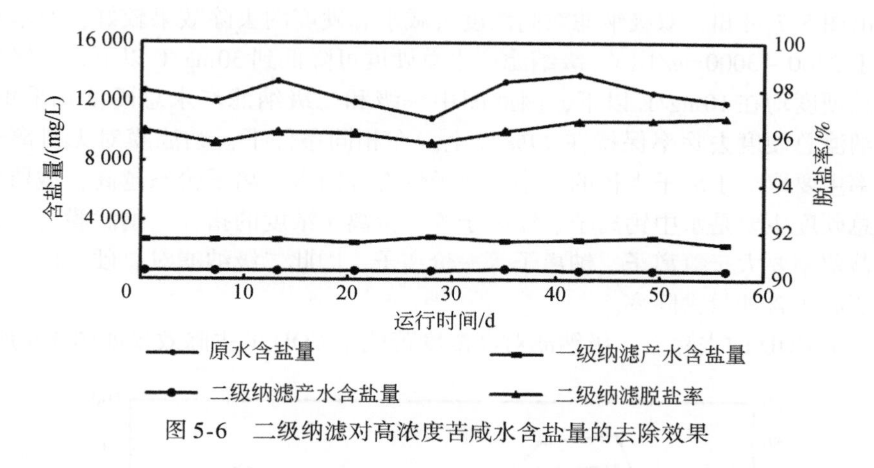

图 5-6 二级纳滤对高浓度苦咸水含盐量的去除效果

期间，原水含盐量介于 1200 ~ 1300mg/L，一级纳滤产水含盐量介于 2200 ~ 2700mg/L，二级纳滤产水含盐量也出现轻微变化，但均可控制在 600mg/L 以下，远低于《城市污水再生利用城市杂用水水质》(GB/T 18920—2002) 绿化用水标准中的 1000mg/L 要求，二级纳滤脱盐率稳定在 95% 以上。现有工程采用的反渗透淡化工作压力均在 1. 2MPa 以上，而且含盐量越高，工作压力越大，该工程一级纳滤膜工作压力介于 0. 65 ~ 0. 85MPa，二级纳滤膜工作压力介于 0. 50 ~ 0. 65MPa，均远低于反渗透，在高压泵等设备及工艺管路的固定投资以及运行电耗方面占较大优势。

(3) 总硬度的去除。二级纳滤对高浓度苦咸水总硬度的去除效果如图 5-7 所示。

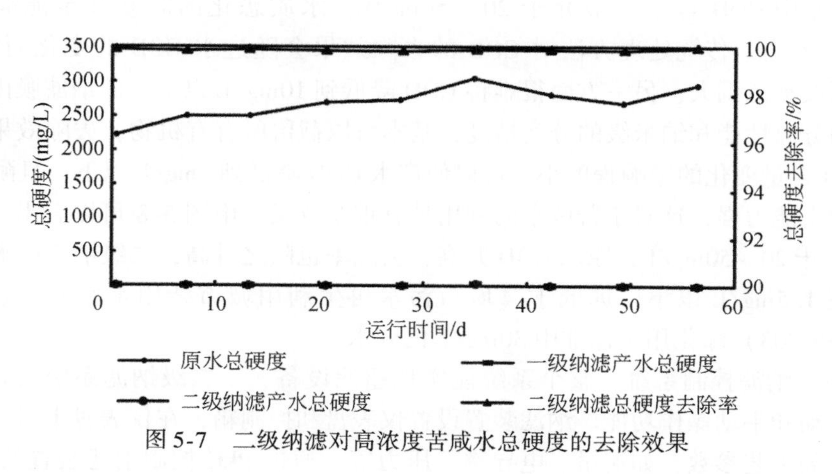

图 5-7 二级纳滤对高浓度苦咸水总硬度的去除效果

由图 5-7 可知，双级纳滤对高浓度苦咸水总硬度的去除效果较好，原水总硬度介于 2200 ~ 3000mg/L，一级纳滤产水总硬度可降低到 30mg/L 以下，二级纳滤产水总硬度均在 10mg/L 以下，因此图中一级和二级纳滤产水总硬度几乎重合，二级纳滤总硬度去除率保持在 99% 以上。在相同条件下，纳滤膜对无机离子的截留率主要取决于离子半径的大小、离子价态等因素，离子价态越高，截留率越高。总硬度主要是水中钙离子、镁离子等二价离子浓度的指标，纳滤膜对二价离子的截留率要大于氯离子、钠离子等一价离子，因此二级纳滤对总硬度的整体去除率要高于含盐量去除率。

（4）COD 的去除。二级纳滤对高浓度苦咸水 COD 的去除效果如图 5-8 所示。

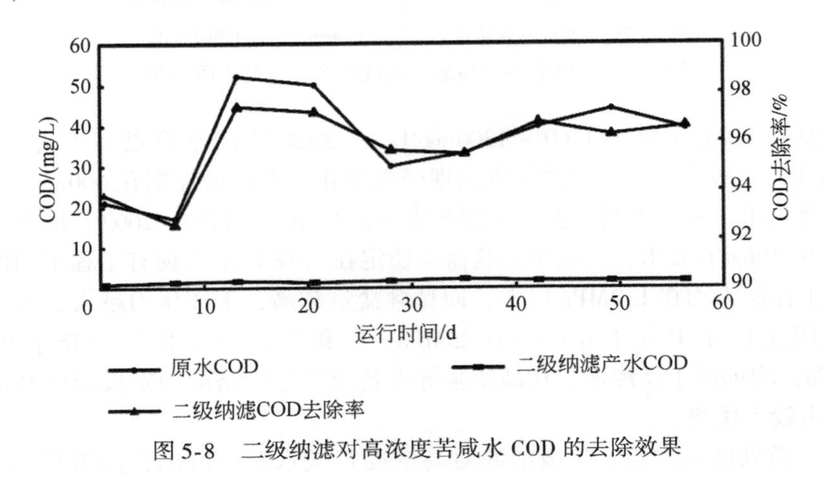

图 5-8　二级纳滤对高浓度苦咸水 COD 的去除效果

原水中 COD 含量一般介于 20 ~ 50mg/L，水质恶化的时候甚至能够达到 90mg/L 左右。传统处理方法对 COD 的去除效果会随进水 COD 的变化而波动，一方面波动范围大，另一方面很难将 COD 降低到 10mg/L 以下。而纳滤膜由于其稳定的分离性能和纳米级的分离精度，基本可以截留所有有机物，去除效果受进水 COD 含量变化的影响程度小，可以使产水 COD 降低到 2mg/L 以下，且耐 COD 负荷冲击能力强，这对于苦咸水的利用具有重要意义。由图 5-8 可以看出，原水 COD 介于 20 ~ 50mg/L，原水 COD 升高，去除率也随之升高，二级纳滤产水 COD 稳定在 1.5mg/L 以下，远低于《城市污水再生利用城市杂用水水质》（GB/T 18920—2003）绿化用水标准中 30mg/L 的要求。

（5）纳滤控制系统。整个系统能实现超滤设备、一二级纳滤系统运行、冲洗等自动和手动操作功能。纳滤装置设置仪表盘和控制箱，在仪表盘上可读出纳滤的有关工艺参数，如流量、电导率、压力等。通过 PLC 控制纳滤装置的运行，而且能在控制箱上启停纳滤进水高压泵和相关的进水阀门。同时纳滤装置还设有自动泄压保护等功能。为了控制、监测反渗透系统正常运行，该装置配有一系列在线测试仪器、仪表，包括产水电导率仪、产水和浓水流量计、系统各段压力表、高低压保护开关。当其他误操作使高压泵的出口压力超过设定值时，高压泵出口高压保护开关会自动延时切断供电，保护高压泵的运行安全。

5）系统运行情况与结果

（1）该套纳滤装置产水量为200m^3/d，系统出水水量完全满足设计要求，达到预期效果。

（2）纳滤产水水质。该工程采用二级纳滤膜淡化高浓度苦咸水技术，可将含盐量从12 000mg/L左右降低到600mg/L以下，淡化效果良好。石英砂过滤器-活性炭过滤器-超滤预处理工艺可将原水的浊度和SDI降低到1NTU和1以下，达到纳滤膜进水要求。

系统在投入运行以来，产水水质符合《城市污水再生利用城市杂用水水质》（GB/T 18920—2006）绿化用水标准，部分指标甚至优于《生活饮用水卫生标准》（GB 5749—2006）。

6）经济分析

（1）制水成本计算依据。该工程运行费用主要由动力费用、膜折旧费用、膜清洗及维护费用、人工费等组成。

（1）吨水成本。运行功率为17kW·h（超滤泵、纳滤高压泵均采用变频运行，运行功率低于额定功率），吨水电耗为2.1kW·h，吨水电费约为1.1元；膜折旧、清洗及维护费用约为0.59元/t；人工费为0.5元/t，因此吨水运行总成本约为2.19元。

7）结论

该工程运行稳定且可使高度苦咸水含盐量稳定降低到600mg/L以下，COD降低到2mg/L以下，悬浮物与浊度等已达检测不出的程度，出水无色无味，远优《城市污水再生利用城市杂用水水质》（GB/T 18920—2006）于绿化用水标准，部分指标甚至优于《生活饮用水卫生标准》（GB 5749—2006），对本地区以及类似的苦咸水利用具有良好的示范和推广作用。

5.3.2 庆阳120t/d低浓度纳滤苦咸水淡化工程

1）项目概述

该工程位于甘肃省庆阳地区，当地农村居民的饮用水主要是地下苦咸水，且无任何方法进行处理，饮水问题存在严重的安全隐患。有个别地方曾经也使用过电渗析水处理技术，但因生产成本高、水回收率低及设备清洗、维修维护都比较困难，用水费用高，维持时间很短，而没有办法推广应用。为了彻底解决长期影响当地农民身体健康的饮用水水质不安全问题，该工程采用纳滤膜技术，纳滤膜对苦咸水中的 Mg^{2+}、SO_4^{2-}、Ca^{2+} 等二价离子有很好的去除能力，对苦咸水的淡化效果明显。该工程采用的纳滤苦咸水淡化装置产水量为 120t/d，自 2006 年建成，调试完成，并投入使用以来，设备运行稳定，产水量保持恒定，处理后的淡化水符合《生活饮用水卫生标准》（GB 5749—2006）要求（吕建国和王文正，2009）。

2）水源取水及产水情况

（1）该工程苦咸水原水水质各项指标详见表 5-10，取水量为 $160m^3/d$。

表 5-10 原水水质

项目	数值	项目	数值
K^+/(mg/L)	15.00	NO_3^-/(mg/L)	1.24
Na^+/(mg/L)	1779.32	NO_2^-/(mg/L)	0.54
Ca^{2+}/(mg/L)	117.84	F^-/(mg/L)	1.72
Mg^{2+}/(mg/L)	121.99	总硬度/(mg/L)	796.64
Fe^{3+}/(mg/L)	0.75	暂时硬度/(mg/L)	178.64
Cl^-/(mg/L)	1310.66	永久硬度/(mg/L)	617.99
SO_4^{2-}/(mg/L)	2541.75	总矿化度/(mg/L)	6105.25
HCO_3^-/(mg/L)	217.56	溶解性总固体/(mg/L)	6016.47

（2）纳滤产水量为 $120m^3/d$。

（3）产水水质达到《生活饮用水卫生标准》（GB 5749—2006）要求。

（4）纳滤系统回收率≥75%。

（5）纳滤系统脱盐率为 85%~95%（NaCl）、95%（$MgSO_4$）。

（6）单位耗电量为 1.2kW · h/t。

3）预处理系统

预处理的作用是对原水进行初级处理，去除水中的杂质和污染物，使进水符合纳滤膜的要求。根据原水水质情况及产水要求，预处理系统包括原水泵、多介质过滤器、精密过滤器，监测仪表等。根据原水水质和产品水水质要求，纳滤苦咸水淡化工艺流程如图 5-9 所示。

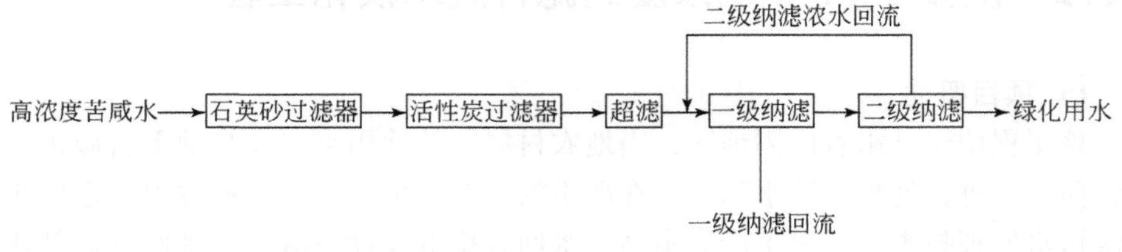

图 5-9 纳滤苦咸水淡化工艺流程

（1）多介质过滤器。多介质过滤器由一个玻璃钢过滤罐体、无烟煤、石英砂滤料、进出口压力表及 UPVC 管阀系统组成。

（2）精密过滤器。为了防止细小悬浮物和胶体进入反渗透系统，反渗透设备前安装不锈钢精密过滤器，内置 5μm 聚丙烯滤芯，防止各种微粒进入膜元件。精密过滤器前后分别安装压力表测量过滤器前后的压力，其压差可以表明过滤器的工作状况。

（3）阻垢剂加药及 pH 调节系统。由于纳滤过程为溶解固形物浓缩排放和淡水的利用，当浓水浓度达到饱和时会有无机盐结晶析出，形成碳酸盐水垢（$CaCO_3$、$MgCO_3$）和硫酸盐水垢。特别是硫酸盐晶体（如 $BaSO_4$、$SrSO_4$），因为它的晶体往往带有锋利的尖角，会刺穿半透膜，造成浓水漏过膜表面，无法达到脱盐的目的。所以需加入阻垢剂并进行 pH 调节以防止碳酸钙、碳酸镁、硫酸钙镁等物质在膜面沉淀。

4）纳滤淡化系统

（1）系统配置情况。根据本工程的水质情况，纳滤膜元件采用国产的 BDX4040 系列的纳滤膜 BDX4040N-90，纳滤膜型号 BDX4040N-90，操作压力为 0.7～1.3MPa，有效膜面积为 147m²。该型号膜组件的稳定脱盐率为 85%～95%（NaCl）、95%（$MgSO_4$），具有面积大、水通量大、单根脱盐率高、稳定性好的优点。采用一级二段排列方式，7 支 3 芯压力容器，成 4∶3 两段式串并联组合。将 3 支膜串联置于一个压力容器中为 1 组，共组成 7 组，其中 4 组并联为一段，3 组并联为二段，再将一、二段串联，实现回收率 70% 以上和低工作压力的理想组合。

（2）纳滤膜主机后的 pH 调节系统将产品水的 pH 调节为 6.5～8.5，使其达到《生活饮用水卫生标准》（GB 5749—2006）要求。

（3）纳滤控制系统。整个系统配置一套过程控制器，能实现运行、备用、冲洗等自动和手动操作功能。纳滤装置设置仪表盘和控制箱，在仪表盘上可读出纳滤的有关工艺参数，如流量、电导率、压力等。通过过程控制器控制纳滤装置的运行，而且能在控制箱上启停纳滤进水高压泵和相关的进水阀门。同时纳滤装置还设有自动泄压保护等功能。

为了控制、监测反渗透系统正常运行，该装置配有一系列在线测试仪器、仪表，包括产水电导率仪、产水和浓水流量计、系统各段压力表、高低压保护开关。当其他误操作使高压泵的出口压力超过设定值时，高压泵出口高压保护开关会自动延时切断供电，保护高压泵的运行安全。

5）系统运行情况与结果

（1）该套纳滤装置产水量为 5m³/h，日运行时间按 10h 计，产水量为 50m³/d，如果按饮用水量 5L/(人·d) 计算，该工程可为1000人解决饮水问题。

该装置在运行期间，系统产水量一直保持在 $5m^3/h$ 以上，水回收率保持在75%以上，出水水量和水质完全满足设计要求，达到预期效果。

(2) 纳滤产水水质。取进水压力为1.2MPa、回收率在75%以上时纳滤产水的水样，对其水质进行分析，结果见表5-11。

表5-11　纳滤进出水水质

项目	进水	出水
pH	8.3	7.62
F^-/(mg/L)	1.72	0.11
Na^+/(mg/L)	1779.32	266.9
溶解性总固体/(mg/L)	6016.47	638.02
矿化度/(mg/L)	6105.25	915.78
HCO_3^-/(mg/L)	217.56	19.3
Ca^{2+}/(mg/L)	117.84	7.25
Mg^{2+}/(mg/L)	121.99	9.81
SO_4^{2-}/(mg/L)	2541.75	38.13
Cl^-/(mg/L)	1310.66	237.65

从表5-11可以看出，纳滤后出水水质达到《生活饮用水卫生标准》(GB 5749—2006) 要求，很好地解决了农村安全饮水的问题。

6) 经济分析

(1) 制水成本计算依据。根据该装置运行情况进行产水成本核算，土建费、打井费和提水费未计入。

(2) 吨水成本。该装置生产能力为 $5m^3/h$，纳滤膜为3.2万元，耗电功率为8.5kW，纳滤膜元件平均使用寿命5年，膜更换费用 $32\,000÷5÷360÷10÷5≈0.36$ 元/t，电费 $8.5×0.515÷5≈0.88$ 元/t，试剂与耗材0.08元/m^3，制水成本合计 $0.36+0.88+0.08=1.32$ 元/t。

7) 结论

该工程采用纳滤膜淡化苦咸水，其能耗与成本比反渗透膜法和蒸馏法要低，很大程度上提升了后续工艺的回收率，并有效解决了传统苦咸水淡化中所存在的污染、结垢等难题，可以使高浓度的苦咸水含盐量脱盐率大于85%以上，悬浮物和浊度等都降至标准要求以下，出水水质达到《生活饮用水卫生标准》(GB 5749—2006) 要求，很好地解决了农村安全饮水的问题，在我国缺水的苦咸水地区具有推广意义。

参考文献

安兴才，王文正，雷进武．2006. 反渗透苦咸水淡化技术在西部地区的应用//中国海水淡化与水再利用学会，中国工程院化工冶金与材料学部，浙江省膜学会．第一届海水淡化与水再利用西湖论坛论文集．

陈晓英，赵后昌，王龙滨，等．2013. 双级纳滤在地表高度苦咸水淡化工程中的应用．膜科学与技术，5：63-67.

邓惠森．1992. 地下水按化学成份分类及矿化度分级的探讨．地下水，14（2）：119-122.

第一次全国水利普查成果丛书编委会．2017. 全国水利普查成果丛书．北京：中国水利水电出版社．

冯云华，王建友，李帅，等．2018. 电渗析脱盐能耗影响规律研究．水处理技术，44（4）：22-30.

高从堦，阮国岭．2016. 海水淡化技术与工程．北京：化学工业出版社．

高从堦．2007. 海水淡化及海水与苦咸水利用发展建议．北京：北京高等教育出版社．

何梓年，李炜，朱敦智．2011. 热管式真空管太阳能集热器及其应用．北京：化学工业出版社.

侯光才，张茂省，等．2008. 鄂尔多斯盆地地下水勘查研究．北京：地质出版社．

贾晨霞，田瑞．2011. 淡化西部苦咸水膜蒸馏强化实验研究．北方环境，23（10）：151-152.

剑乔力，葛新石．1996. 太阳能热发电技术．自然杂志，（6）：344-348.

李小林，龙作元，高忠咏，等．2009. 青海地质环境．北京：地质出版社．

李雪民．2010. 主要海水淡化方法技术经济分析与比较．企业管理，2：64-70.

刘亮亮，周莉，张新文．2012. 苦咸水淡化技术发展现状．中国环境科学学会学术年会论文集.

刘兆昌，李广贺，朱琨．2011. 供水水文地质（第四版）．北京：中国建筑工业出版社．

逯志平，吕晓龙，武寿瑞，等．2012. 低温热致相分离法制备聚偏氟乙烯中空纤维多孔膜的研究．膜科学与技术，32（1）：12-17.

吕海莉，田瑞，杨晓宏，等．2012. 用于膜蒸馏苦咸水淡化的 PTFE 疏水膜实验研究．膜科学与技术，32（1）：70-74.

吕建国，王文正．2009. 纳滤淡化高氟苦咸水示范工程．给水排水，7：25-27.

吕晓龙．2010. 膜蒸馏过程探讨．膜科学与技术，30（3）：1-10.

吕晓龙．2011. 面向应用的膜蒸馏过程再探讨．膜科学与技术，31（3）：96-100.

罗运俊，何梓年，王长贵．2005. 太阳能利用技术．北京：化学工业出版社．

骆成凤，许长军，曹银璇，等．2017. 1974–2016 年青海湖水面面积变化遥感监测．湖泊科学，29（5）：1245-1253.

美国海德能公司．2016. 反渗透和纳滤膜产品技术手册．

苗超，齐春华，谢春刚，等．2017. 沙漠油田苦咸水多效板式蒸馏淡化系统设计与性能测试．中国给水排水，8：95-98.

倪海．1997. 多级闪发蒸馏技术在高浓度苦咸水淡化中的应用．机电设备，4（6）：3-4+11.

屈强，阮国岭．2016. 美国海水淡化国家报告．北京：海军出版社．

全国爱委会，中华人民共和国卫生部．1991. 农村实施〈生活饮用水卫生标准〉准则．

阮国岭 . 2013. 海水淡化工程设计 . 北京：中国电力出版社 .
阮国岭，高从堦 . 2017. 海水资源综合利用装备与材料 . 北京：化学工业出版社 .
王洪道，窦鸿身，颜京松，等 . 1989. 中国湖泊资源 . 北京：科学出版社 .
王建平，倪海，朱国栋 . 2001. 沙漠油田高浓度苦咸水淡化技术的研究 . 净水技术，4（4）：19-22.
王苏民，窦鸿身，等 . 1998. 中国湖泊志 . 北京：科学出版社 .
王应平，雷进武，焦光联 . 2010. 庆阳市反渗透苦咸水淡化工程介绍 . 给水排水，1：26-29.
吴学华，钱会，郁冬梅，等 . 2008. 银川平原地下水资源合理配置调查评价 . 北京：地质出版社.
吴庸烈 . 2003. 膜蒸馏技术及其应用进展 . 膜科学与技术，23（4）：67-79.
熊日华，王志，王世昌 . 2004. 露点蒸发淡化技术 . 水处理技术，30（4）：246-248.
徐静莉，孙国富，都昌盛 . 2015. PP 中空纤维膜用于真空膜蒸馏的苦咸水淡化 . 油气田地面工程，34（1）：23-24.
杨兰，马润宇 . 2004. 膜蒸馏法淡化苦咸水中的膜污染初步研究 . 水处理技术，4（3）：128-131.
杨涛 . 2002. 沧化 18000 吨/日反渗透高浓度苦咸水淡化工程 . 水处理技术，4：38-41.
佚名 . 1995. ZYD—30 型压汽蒸馏海水淡化装置 . 海洋信息，5：26.
尹玉安 . 2009. 反渗透前预处理方法的选择 . 煤炭科技，2（2）：86.
张葆宗 . 2004. 反渗透水处理应用技术 . 北京：中国电力出版社 .
张建芳 . 2005. 减压膜蒸馏淡化高盐废水的研究 . 乌鲁木齐：新疆大学 .
张启新 . 2016. 地下水中溶解性总固体、含盐量、矿化度之间关系分析 . 地下水，38（6）：42-43.
张维润 . 1995. 电渗析工程学 . 北京：科学出版社 .
张永波 . 2002. 苦咸水淡化用聚偏氟乙烯微孔蒸馏膜的研制 . 天津：天津工业大学 .
张裕厚 . 1979. 全国海水淡化科技规划会在杭州召开 . 海水淡化，4（1）：2.
张兆吉，费宇红，陈宗宇，等 . 2008. 华北平原地下水可持续利用调查评价报告 .
张宗祜，秦毅苏，荆继红，等 . 2017. 中国地下水资源图 . 北京：地质出版社 .
赵恒，武春瑞，吴丹，等 . 2009. 鼓气减压膜蒸馏过程研究 . 水处理技术，（12）：40-43.
郑宏飞 . 2013. 太阳能海水淡化原理与技术 . 北京：化学工业出版社 .
中国地质调查局 . 2014. 全国地下水资源调查成果 .
中国河湖大典编纂委员会 . 2014. 中国河湖大典 . 北京：中国水利水电出版社 .
中国科学院南京地理与湖泊研究所 . 2015. 中国湖泊分布地图集 . 北京：科学出版社 .
中华人民共和国国家环境保护总局，国家质量监督检验检疫总局 . 2002. 地表水环境质量标准（GB 3838-2002）.
中华人民共和国国家质量监督检验检疫总局，中国国家标准化管理委员会 . 2005. 农田灌溉水质标准（GB5084-2005）.
中华人民共和国国家质量监督检验检疫总局，中国国家标准化管理委员会 . 2017. 地下水质量标准（GB/T14848-2018）.

中华人民共和国国土资源部中国地质调查局．2016. 中国地质调查百项成果（上下册）．北京：地质出版社．

中华人民共和国水利部，国家发展和改革委员会．2019. 第三次全国水资源调查评价成果．

中华人民共和国水利部．2007. 地表水资源质量评价技术规程（SL395–2007）．

中华人民共和国卫生部，中国国家标准化管理委员会．2006. 生活饮用水卫生标准（GB 5749–2006）．

Abbas A，Abichandani J P，Hu A，et al. 1968. Field operation of a 20 gallons per day pilot plant unit for electrochemical desalination of brackish water. University of Michigan Library Repository.

Abu-Qudais M，Abu-Hijleh B A，Othman O N．1996. Experimental study and numerical simulation of a solar still using an external condenser. Energy，21（10）：851-855.

Albers WF，Beckman J R. 1989. Method and apparatus for simultaneous heat and masstransfer. US Patent，4（832）：115

Ali M B S，Mnif A，Hamrouni B. 2018. Modelling of the limiting current density of an electrodialysis process by response surface methodology. Ionics，（24）：617-628.

Ali M T，Fath H，Armstrong P R. 2011. A comprehensive technoeconomical review of indirect solar desalination. Renewable and Sustainable Energy Reviews，15：4187-4199.

Al-Hayek I，Badran O O. 2004. The effect of using different designs of solar stills on water distillation. Desalination，169：121-127.

Al-Karaghouli A，Kazmerski L L. 2013. Energy consumption and water production cost of conventional and renewable-energy-powered desalination processes. Renewable and Sustainable Energy Reviews，24：343-356.

Andersson S I，Kjellander N，Rodesjo B. 1985. Design andfield tests of a new membrane distillation process，Desatillation，56：345-354.

Ansari O，Asbik M，Bah A，et al. 2013. Desalination of the brackish water using a passive solar still with a heat energy storage system. Desalination，324：10-20.

Arnold B B，Murphy G W. 1961. Studies on the electrochemistry of carbon and chemi callymodified carbon surfaces. The Journal of Physical Chemistry，65：135-138.

Arroyo J，Shirazi S. 2009. Cost of water desalination in Texas. Innovative Water Technologies，10（2）：1-6.

Badran A A，Al-Hallaq I A，Salman I，et al. 2005. A solar still augmented with a flat-plate collector. Desalination，172（3）：227-234.

Bai Y，Huang Z H，Yu X L，et al. 2014. Graphene oxide-embedded porous carbonnano fiber webs by electrospinning for capacitive deionization. Colloids and Surfaces A：Physicochemical and Engineering Aspects，444：153-158.

Barragán V M，Ruíz-Bauzá C. 1998. Current-voltage curves for ion-exchange membranes：a method for determining the limiting current density. Journal of Colloid and Interface Science，205：365-373.

Beckman J R，Hamieh B M. 2001. Carrier-gas desalination analysis using humidification-dehumidification cycle. Chemical Engineering Communications, 177: 183-189.

Beckman J R. 1999. Innovative atmospheric pressure desalination-final report. US DOI, Breau of Reclamation, DWPR Report No. 52.

Beckman J R. 2002. Carrier gas enhanced atmospheric pressure desalination- final report. US DOI, Breau of Reclamation, DWPR Report No. 92.

Blair J W, Murphy G W. 1960. Electrochemical Demineralization of Water with Porous Electrodes of Large Surface Area. DOI: 10. 1021/ba-1960-0027. ch020.

Bodell B R. 1968. Distillation of saline water using silicone rubber membrane.

Bodell B R. 1963. Silicone rubber vapor diffusion in saline water distillation. United States Patent Applications, Serial No. 285. 032.

Campione A, Gurreri L, Ciofalo M, et al. 2018. Electrodialysis for water desalination: A critical assessment of recent developments on process fundamentals, models and applications. Desalination, 434: 121-160.

Cappelle M A, Davis T A. 2016. Ion Exchange Membranes for Water Softening and HighRecovery Desalination. Emerging Membrane Technology for Sustainable Water Treatment. Neitherland: Elsevier.

Carolina S E Sardella. 2012. Evaluation of the implementation of the solar still principle on runoff water reservoirs in Budunbuto, Somalia.

Dai K, Shi L, Zhang D, et al. 2006. NaCl adsorption in multi-walled carbon nanotube /active carbon combination electrode. Chemical Engineering Science, 61: 428-433.

Daniels F. 1971. Direct Use of the Sun's Energy. New Haven and Lonon: Yale University Press.

Diroli E, Wu Y L. 1985. Membrane Distillation: An experimenta lstudy, Destillation, 53: 339-346.

ElSayed A M, Etoh B, Yamauchi A, et al. 2008. Effect of anionic and cationic exchange polymeric layers on current- voltage curves and chronopotentiometry of a charged composite membrane. Desalination, 229 (1): 109-117.

El-Bialy E, Shalaby S M, Kabeel A E, et al. et al. 2016. Cost analysis for several solar desalination systems. Desalination, 384: 12-30.

El- Dessouky H T, Ettouney H M. 2002. Fundamentals of Salt Water Desalination. Netherland: Elsevier Science.

Evans S, Hamilton W S. 1966. The mechanism of demineralization at carbon electrodes. Journal of The Electrochemical Society, 113: 1314-1319.

Farmer J C, Bahowick S M, Harrar J E, et al. 1997. Electrosorption of chromium ions on carbon aerogel electrodes as a means of remediating ground water. Energy & Fuels, 11: 337-347.

Farmer J C, Fix D V, Mack G V, et al. 1996. Capacitive deionization of NaCl and $NaNO_3$ solutions with carbon aerogel electrodes. Journal of the Electrochemical Society, 143: 159-169.

Farmer J C. 1995. The use of capacitive deionization with carbon aerogel electrodes to remove inorganic contaminants from water. Office of Scientific & Technical Information Technical Reports, 15: 595-599.

Findley M E. 1967. Vaporization through porous membranes. Industrial & Engineering Chemistry

Process Design & Development, 6 (2): 66-68.

Frick G, Hirschmann J. 1973. Theory and experience with solar stills in Chile. Solar Energy, 14 (4): 405-412.

Gang W, Qian B, Qiang D, et al. 2013. Highly mesoporous activated carbon electrode for capacitive deionization. Separation and Purification Technology, 103: 216-221.

Gore D W. 1982. Gore-Tex Membrane Distillation, Proc. 10th Ann. Conv. Water Supply Improvement Association. Honolulu, 252: 25-29.

Gurreri L, Tamburini A, Cipollina A, et al. 2017. Pressure drop at low Reynolds numbers in woven-spacer-flled channels for membrane processes: CFD prediction and experimental validation. Desalination and Water Treatment, (61): 170-182.

Gurreri L, Tamburini A, Cipollina A, et al. 2017. Pressure drop at low Reynolds numbers in woven-spacer-flled channels for membrane processes: CFD prediction and experimental validation. Desalination and Water Treatment, (61): 170-182.

Huang W, Zhang Y, Bao S, et al. 2014. Desalination by capacitive deionization process using nitric acid-modified activated carbon as the electrodes. Desalination, 340: 67-72.

Hull J R, Nielsen J, Golding P. 1988. Salinity-gradient Solar Ponds. Florida: CRC Press Inc.

Jia B, Zou L. 2012. Wettability and its influence on graphene nansoheets as electrode material for capacitive deionization. Chemical Physics Letters, 548: 23-28.

Johnson A M, Newman J. 1971. Desalting by means of porous carbon electrodes. Journal of the Electrochemical Society, 118: 510-517.

Kalogious S. 1997. Survey of solar desalination systems and selection. Energy, 22 (1): 69-81.

Kalogirou S A . 2005. Seawater desalination using renewable energy sources. Progress in Energy & Combustion Science, 31 (3): 242-281.

Kavvadias K C, Khamis I. 2014. Sensitivity analysis and probabilistic assessment of seawater desalination costs fueled by nuclear and fossil fuel. Energy Policy, 74: 24-30.

Kevin W L, Douglas R L. 1997. Membrane distillation. Journal of Membrane Seience, 124: 1-25.

Kim C, Lee J, Kim S, et al. 2014. TiO_2 sol-gel spray method for carbon electrode fabrication to enhance desalination efficiency of capacitive deionization. Desalination, 342: 70-74.

Kimura S, Nakao S, Shimatani Shun-ichi. 1987. Transpot phenomena in membrane distillation. J. Membr. Sci. , 33: 285-298.

Kucera J. 2014. Desalination: Water from Water. Chichester: John Wiley and Sons Ltd.

Kumar A, Anand J D, Tiwari G N. 1991. Transient analysis of a double slope-double basin solar distiller. Energy Convers Mgmt, 31 (2): 129-139.

Kwak R, Guan G, Peng W K, et al. 2013. Microscale electrodialysis: concentration profiling and vortex visualization. Desalination, 308: 138-146.

La Cerva M, Gurreri L, Tedesco M, et al. 2018. Determination of limiting current density and current efficiency in electrodialysis units. Desalination, 445: 138-148.

Larson R, Albers W, Beckman J R, et al. 1989. The carrier-gas process-a new desalination and concentration method. Desalination, 73: 119

Leblanc J, Andrews J, Akbarzadeh A. 2010. Low-temperature solar-thermal multieffect evaporation desalination systems. Int J Energy Res, 34: 393-403.

Lonsdale H, Podall H . 1972. Reverse Osmosis Membrane Research. New York: Plenum.

Lourdes G R, Ana I P-M, Carlos G C. 2002. Comparison of solar thermal technologies for applications in seawater desalination. Desalination, 142: 135-142.

Malic M A S, Tiwari G N, Kumar A, et al. 1982. Solar Dstillation . Oxford: Pergamon Press.

Masayoshi Oinuma, Shigeki Sawada, Koichi Yabe. 1994. New pretreatment systems using membrane separation technology. Desalination, 98: 59-69

Mohamad A Q, Bassam A K, Olhman O N. 1996. Experimental study and numerical simulation of a solar still using an external condenser. Energy, 21 (10): 851-855.

Murphy G W. 1969. Activated carbon used as electrodes in electrochemical demineralization of saline water.

Murphy G W, Caudle D D. 1967. Mathematical theory of electrochemical demineralization in flowing systems. Electrochimica Acta, 12: 1655-1664.

Müller-Holst H, Engelhardt M, Herve M. 1984. Solarthermal seawater desalination systems for decentralized. Renewable Energy, 14: 311-318.

Newman J, Wilbourne R G, Venolia A W, et al. 1970. The Electrosorb process for desal ting water. U. S. Dept. of the Interior,

Nisan S, Benzartib N. 2008. A comprehensive economic evaluation of integrated desalination systems using fossil fuelled and nuclear energies and including their environmental costs. Desalination, 229: 125-146.

Oinuma M, Sawada S, Yabe K. 1994. New pretreatment systems using membrane separation technology. Desalination, 98: 59-69.

Porada S, Weinstein L, Dash R, et al. 2012. Water desalination using capacitive deionization with microporous carbon electrodes. ACS Appl Mater Interfaces, 4: 1194-1199.

Rai S N, Tiwari G N. 1983. Single basin solar still coupled with flat plate collector. Energy Convers Mgmt, 23 (3): 145-149.

Sadrzadeh M. , Mohammadi T. 2009. Treatment of sea water using electrodialysis: Current efficiency evaluation. Desalination, 249: 279-285.

Sampathkumar K, Senthilkumar P. 2012. Utilization of solar water heater in a single bas in solar still-an experimental study. Desalination, 297: 8-19.

Schneider K, Holz W, Wollbeek R. 1998. Membranes and modules for transmem barne distilaiotn. J. Membr. Sci. , 39: 25-42.

Singh AK, Tiwari G N. 1993. Thermal evaluation of regenerative active solar distillation under thermosyphon mode. Energy Convers Mgmt, 34 (8): 697-706.

Smolders K, Franken A C M. 2017. Terminology for membrane distillation. Desalination, 72 (3): 249-262.

Sodha M S et al. 1980. Study on a double-basin multiwck solar still. Energy Convers Mgmt, 20 (1): 20-25.

Soffer A, Folman M. 1972. The electrical double layer of high surface porous carbon electrode. Journal of Electroanalytical Chemistry and Interfacial Electro Chemistry, 38: 25-43.

Soliman H S. 1976. Solar still coupled with a solar water heater. Mosul: Mosul University.

Soteris A K. 2005. Seawater desalination using renewable energy sources. Prog. Energy Combust. Sci., 31: 242-281.

Soteris Kalogious. 1997. Survey of solar desalination systems and selection. Energy, 22 (1): 69-81.

Tiwari G N. 1992. Recent Advances in Solar Distillation: Solar Energy and Energy Conversation. New Delhi: Wiley Eastern.

US DOI Bureau of Reclamation. 2001. Report to Cogress: Desalination and Water Purification Research and Development Program. DWPR Report.

Van Gassel T J, Schneider K. 1986. An energy-efficient membrance distillation process// Drioli E, Nagaki M. Membrane and Membrane Processes. New York: Plenum Press.

Varol H S, Yazar A. 1996. A hybrid high efficiency single-basin solar still. Int. J. Energy Res., 20: 541-546.

Voropoulos K, Mathioulakis E, Belessiotis V. 2003. Solar stills coupled with solar collectors and storage tankanalytical simulation and experimental validation of energy behavior. Solar Energy, 75: 199-205.

Wang X Z, Li M G, Chen Y W, et al. 2006. Electrosorption of NaCl solutions with carbon nanotubes and nanofibers composite film electrodes. Electrochemical and Solid-State Letters, 9 (9): 053127-053127-3.

Weyl P K. 1967. Recovery of dematerialized water from saline waters. United States Patent. 3340186.

Wimalasiri Y, Zou L. 2013. Carbon nanotube/graphene composite for enhanced capacitive deionization performance. Carbon, 59: 464-471.

Wu C R, Jia Y, Chen H Y, et al. 2011. Study on air-bubbling strengthened membrane distillation process. Desalination & Water Treatment, 34 (1-3): 2-5.

Wu T, Wang G, Zhan F, et al. 2016. Surface-treated carbon electrodes with modified potential of zero charge for capacitive deionization. Water Res, 93: 30-37.

Yan C, Zou L, Short R. 2014. Polyaniline-modified activated carbon electrodes for capacitive deionisation. Desalination, 333: 101-106.

Yang J, Zou L, Choudhury N R. 2013. Ion-selectivecarbon nanotube electrodes in capacitive deionisation. Electrochimica Acta, 91: 11-19.

Younos T. 2005. The economics of desalination. Journal of Contemporary Water Research & Education, 132: 39-45.

Zhan Y, Nie C, Li H, et al. 2011. Enhancement of electrosorption capacity of activated carbon fibers by grafting with carbon nanofibers. Electrochimica Acta, 56: 3164-3169.

Zhang D, Shi L, Fang J, et al. 2006. Preparation and desalination performance of multiwall carbon nanotubes. Materials Chemistry and Physics, 97: 415-419.

Zhang H, Lu X L, Liu Z Y, et al. 2018. The unidirectional regulatory role of coagulation bath temperature on cross-section radius of the PVDF hollow-fiber membrane. Journal of Membrane Science, 550: 9-17.

Zou L, Li L, Song H, et al. 2008. Using mesoporous carbon electrodes for brackish water desalination. Water Res, 42: 2340-2348.

附录　苦咸水淡化相关标准

针对苦咸水淡化技术，现无具体国家标准及行业标准，与其相关标准如下。

1. 通用水质标准

1）生活饮用水卫生标准

【标准号】GB 5749—2006　　【标准状态】现行

【发布日期】2006-12-29　　【实施日期】2007-07-01

2）地表水环境质量标准

【标准号】GB 3838—2002　　【标准状态】现行

【发布日期】2002-04-28　　【实施日期】2002-06-01

3）工业锅炉水质

【发布日期】2008-09-26　　【实施日期】2009-03-01

4）城市污水再生利用　农田灌溉用水水质

【标准号】GB 20922—2007　　【标准状态】现行

【发布日期】2007-04-06　　【实施日期】2007-10-01

5）城市污水再生利用　地下水回灌水质

【标准号】GB/T 19772—2005　　【标准状态】现行

【发布日期】2005-05-25　　【实施日期】2005-11-01

6）地表水资源质量评价技术规程

【标准号】SL 395—2007　　【标准状态】现行

【发布日期】2007-08-20　　【实施日期】2007-11-20

7）地下水质量标准

【标准号】GB/T 14848—2017　　【标准状态】现行

【发布日期】2017-10-14　　【实施日期】2018-05-01

2. 电渗析法相关标准

1）电渗析技术脱盐方法

【标准号】HY/T 034. 4-1994　　【标准状态】现行

【发布日期】1994-12-17　　【实施日期】1995-07-01

2）电渗析技术　电渗析器

【标准号】HY/T 034. 3-1994　　【标准状态】现行

【发布日期】1994-12-17　　【实施日期】1995-07-01

3）环境保护产品技术要求　电渗析装置

【标准号】HJ/T 334—2006　　【标准状态】现行

【发布日期】2006-12-15　　【实施日期】2007-04-01

3. 膜法相关标准

1）反渗透水处理设备

【发布日期】2003-07-01　　【实施日期】2003-12-01

2）中空纤维反渗透技术　中空纤维反渗透组件

【标准号】HY/T 054. 1—2001　　【标准状态】现行

【发布日期】2001-07-27　　【实施日期】2002-01-01

3）反渗透能量回收装置通用技术规范

【标准号】GB/T 30299—2013　　【标准状态】现行

【发布日期】2013-12-31　　【实施日期】2014-08-01

4）反渗透水处理设备

【标准号】GB/T 19249—2017　　【标准状态】现行

【发布日期】2017-12-29　　【实施日期】2018-11-01

5）反渗透用能量回收装置

【标准号】HY/T 108—2008　　【标准状态】现行

【发布日期】2008-03-31　　【实施日期】2008-04-01

6）纳滤装置

【标准号】HY/T 114—2008　　【标准状态】现行

【发布日期】2008-03-31　　【实施日期】2008-04-01

7）纳滤膜及其元件

【标准号】HY/T 113—2008　　【标准状态】现行

【发布日期】2008-03-31　　【实施日期】2008-04-01

8）膜蒸馏用中空纤维疏水膜

【标准号】GB/T 37215—2018　　【标准状态】现行

【发布日期】2018-12-28　　【实施日期】2019-11-01